◎探索宝宝心灵密码◎了解宝宝发育规律◎培养宝宝良好性格◎开发宝宝潜在智能

宝宝健康成长计划　　主编　李红萍

关爱从心开始

主　　编　李红萍

副 主 编　方洁静　谢英彪

编　　者　陈旭慧　麻　倩　包桥生

王　娟　刘　艳　鲍　琳

张艳娜　陆正娟

西安交通大学出版社
XI'AN JIAOTONG UNIVERSITY PRESS

内容提要

本书针对0～6岁宝宝的心理特点，介绍了呵护宝宝心理健康的具体方法，并对宝宝学习能力的养成、良好性格的培养、智能的开发培养及常见心理障碍的治疗等与宝宝心理健康直接相关的热点、难点问题进行了探讨。本书力求做到文字通俗易懂，科学性、可读性与实用性并重，是父母科学育儿的好帮手。

图书在版编目（CIP）数据

关爱从心开始/李红萍主编. —西安：西安交通大学出版社，2011.12
ISBN 978-7-5605-3987-4
Ⅰ.①关… Ⅱ.①李… Ⅲ.①婴幼儿—哺育 Ⅳ.①TS976.31
中国版本图书馆 CIP 数据核字（2011）第 150252 号

书　　名 关爱从心开始
主　　编 李红萍
责任编辑 王华丽　问媛媛

出版发行 西安交通大学出版社
（西安市兴庆南路10号　邮政编码710049）
网　　址 http://www.xjtupress.com
电　　话 （029）82668357　82667874
（029）82668315　82669096（总编办）
传　　真 （029）82668280
印　　刷 陕西时代支点印务有限公司

开　　本 880mm×1230mm　1/24　印张 7.25　字数 95千字
版次印次 2012年1月第1版　2012年1月第1次印刷
书　　号 ISBN 978-7-5605-3987-4/TS·8
定　　价 18.00元

读者购书、书店添货、如发现印装质量问题，请与本社发行中心联系、调换。
订购热线：（029）82665248　（029）82665249
投稿热线：（029）82665546
读者信箱：xjtumpress@163.com

写给家长的话

宝宝从呱呱坠地的那一刻起就开始接受人类社会的教育，宝宝慢慢地从一个“生物人”逐渐变为“社会人”，也因此产生了人所具有的各种心理活动。

0～3岁的宝宝除了在生理上满足吃好、睡好，生活有规律，环境清洁卫生以外，还要满足心理上的需求。宝宝需求每天有一个良好的开端，早上醒来后不必马上被大人催着赶着要他起床；让他睁眼看到的是熟悉的、喜欢的亲人的面孔。2岁以后的宝宝可以和父母同桌进早餐，早晨这段时间虽然短暂，但宝宝却能在与父母短暂的相处中感受到亲切和欢快。3岁前的宝宝特别依恋父母，常想和父母亲近，说说玩玩。因此，爸爸妈妈下班回家后，应该花一点时间听听宝宝的述说、提问，并为宝宝念儿歌，讲故事，唱唱歌或和他交流，所花的时间并不多，爸爸妈妈自己也可轻松一下，调剂在外工作一天的紧张情绪，又能给宝宝带来快乐和安慰。

3～6岁一般称为学龄前期，这一时期的宝宝对新鲜事物特别感兴趣，语言连贯性随年龄的增长而越来越好，在语言表达的同时还可伴有丰富的面部表情或动作，此阶段利用语言与他人交流已没有障碍。孩子在学龄前期已有了丰富的想像力，可表现在游戏活动和讲故事中。孩子的情绪体验非常丰富，大人能体验到的情绪，学龄前期儿童基本上已能体验到，但不像大人那样可以控制自己的情绪。焦虑和恐惧是此阶段的主要不良情绪体验，对与家人分离、受到批评和伤害后可表现出明显的焦虑反应。对想像的事物如黑暗、魔鬼、声音、幽静等有明显的恐惧，尤其在电视、故事、谈论中看到或听到有关事例后更为明显。随着自我意识的进一步增加，高级情绪活动如同情心、孤独感、荣誉感、审美感、合作精神也进一步发展。孩子能讲出一些大人的话，使父母惊讶，有“宝宝已经长大了”的感觉。

《关爱从心开始》一书针对0～6岁的孩子的心理健康问题，为年轻父母提供了一把打开宝宝心灵之锁的钥匙。本书从宝宝的心理特点谈起，介绍了一些呵护宝宝心理健康的具体方法，并对宝宝学习能力的养成、良好性格的培养、智能的开发培养及常见心理障碍的治疗等与宝宝心理健康直接相关的热点难点问题进行了探讨。本书的作者为从事儿童保健工作多年的专家，他们多年积累的经验对年轻父母养育心理健康的聪明宝宝具有重要的指导意义。相信年轻父母能从这本书中吸取到丰富的心理知识，衷心祝愿您的宝宝心理健康，茁壮成长！

谢英彪

2011年10月

目录

0～6岁宝宝的心路历程

童心呵护

目录

目录

宝宝的智能开发培养

宝宝良好性格培养

宝宝常见心理障碍与防治

0～6岁
宝宝的心路历程

BAO BAO DE XIN LU LI CHENG

宝宝心理健康的标志

宝宝的心理健康只有相对标志，没有绝对界线。以下几个方面一般认为是宝宝的心理健康标志。

智力符合常态

天才宝宝与智力低下的宝宝只是少数，大多数宝宝处于中间状态。心理健康的宝宝智力是正常的，他们能够适应托儿所或幼儿园的学习生活，与周围环境取得平衡。智力低下的宝宝社会适应能力差，常常不能适应托儿所或幼儿园的集体生活与学习，心理压力大，健康难以维持，需要特殊的保教和护理。只要防护与训练工作做得及时，那些轻度智力低下的宝宝可望逐步适应社会生活与学习，达到心理健康状态。

情绪稳定而愉快

心理健康的宝宝以积极的情绪表现为主，充满了喜悦与欢乐，这样的情绪有助于提高活动的效率。健康的宝宝也会出现短时的消极情绪，如在受到老师的批评或父母的惩罚时会表现出哭闹、委屈等。这些表现是他们不满情绪的发泄，有助于维护心理健康水平。但消极的情绪如果表现得太过分、太频繁，如焦虑、恐惧、强迫、抑郁等情绪反复出现，就不能称得上是心理健康了。

意志健全与行为协调

3岁前宝宝就有意志的萌芽表现，能初步借助言语来支配自己的行动，出现独立行动的愿望。3岁后，宝宝意志品质中的自觉性、坚持性和自制力得以发展。意志不健全的宝宝挫折容忍力差，怕困难、违拗，做事三心二意、注意力不集中，缺乏自控力；在言语表现上前后矛盾，思维混乱，语言支离破碎，做事有头无尾；行为反应变化无常，为一点小事可以大发脾气，或是对强烈的刺激反应淡漠。家长要注意从小培养宝宝的健康意志，提高他们的自制能力，并训练他们形成良好的行为与习惯，学会对环境中各类刺激正确地应对与反应。

性格与自我意识良好

宝宝的个性虽然没有稳固形成，但已表现出一定的性格特征。心理健康的宝宝性格相对稳定，开朗、热情、大方、勇敢、诚实、乐于助人；在自我意识上，开始正确认识与评价自己，自尊感逐步发展，寻求独立性，对自己充满信心。而心理不健康的宝宝性格发展不良，表现出胆怯、冷漠、吝啬、孤僻、敌意、自卑、缺乏自尊心。宝宝的性格可塑性很大，家长要注意从小培养，要让宝宝学会正确认识和评价自己，多给他们锻炼和成功的机会，以表扬为主，对挫折与失败不要过分求全责备，以增进他们的自尊心与自信心。

●人际交往和谐

心理健康的宝宝乐于与人交往，善于和同伴合作与共享，尊敬老师和长辈，待人慷慨与友善，也容易被别人理解和接受。心理不健康的宝宝不能与人合作，对他人漠不关心，缺乏同情心，斤斤计较，猜疑，嫉妒，退缩，不能置身于集体，与他人格格不入。这些宝宝交往的技能较差，需要逐步地教育训练。

婴幼儿期的心理健康是成年人心理健康的起点，不仅对宝宝的生长发育有重要影响，并对成人后的心理素质产生深远的影响。宝宝能对周围事物、人物、环境产生相应的感知，如果客观条件良好，会使宝宝产生愉快的情绪与情感，反之会产生烦躁与恐惧。婴幼儿期母爱的温暖是首要的因素，如护理、哺乳时母亲的微笑面孔、爱抚动作、亲切的语言，不仅为宝宝提供物质营养，同时又为培育健康心理打下良好的基础。除母爱外，家庭人员、托儿所或幼儿园保育员等，同样给宝宝以母爱般的护理、照顾，使宝宝情绪愉快，对周围人产生信任感。反之，则容易使宝宝变得呆滞、胆小和恐惧。

0～1岁宝宝的心理特点

婴儿期脑和神经系统发育最快，新生儿大脑重约为390克，在出生后的第一年内，脑重量以每日1克的速度增加，到1岁时脑重量可达700～800克。大脑组织的主要成分——神经细胞也在结构上逐渐复杂，细胞与细胞之间的联络逐渐增多，功能上逐渐完善。

动作发展

动作发展是在神经系统控制下进行的，由头部到肢体、由躯体到指端、从粗大运动到精细运动逐渐发展。婴儿期的动作多以头部、躯体等部位的粗大动作为主，如抬头、翻身、爬行、坐、立和行走。一般来说，宝宝的动作发展有以下规律。

◎ 1周内眼睛有追物现象；

◎ 1个月可以俯卧，头稍抬起；

◎ 2个月可以抬头；

◎ 3个月可抬头、转头，胸部离开床面；

◎ 4个月可以仰卧、翻身；

◎ 5个月在大人扶持下可以直坐，单独直坐时要前倾；

◎ 6个月可以单独直坐；

◎ 7个月可以扶栏杆站立；

◎ 8个月会自己爬，9个月可从卧位坐起；

◎ 10个月一手扶靠可站立，两手扶靠可蹒跚行步；

◎ 11个月可独自站立，一手扶靠可以走步；

◎ 1岁左右可独自行走。

随着与外界事物接触的增多和身体活动范围的增大，宝宝的感觉和运动能力也越来越强，动作协调能力进一步发展，对外界事物的认识也与日俱增。

●语言发展

语言的发展是在与周围人、养育者的交往中逐渐进行的，胎儿出生后与外界的最初语言交往是哭，哭不仅标志着宝宝自主呼吸的开始，对外界环境有了反应，同时也是最早与他人交往的语言方式。

◎ 1个月以内的新生儿哭声无任何意义；

◎ 1个月以后哭声可以为反射性反应，饥饿时哭声明显高亢；

◎ 2个月时能微笑，能发出和谐的喉音；

◎ 3～4个月时能发出笑声；

◎ 5个月时进入呀呀学语阶段，能无意义地发出“baba”、“mama”、“dada”的单音词，对呼唤有反应；

◎ 6～7个月能发出“爸”、“妈”声音；

◎ 8～9个月时可以听懂大人的一些话，初步理解语言的意义；

◎ 10个月时可懂得“不”的意义，对不愿接受的事物可以说“不”；

◎ 1岁左右可以单字形式表达自己的愿望或要求，如“抱”是要抱、“街”是要上街玩等。

一般来说，宝宝语言发展是按上述规律进行的，但就每个宝宝的教养条件不同，开始讲话的时间也不相同，推迟1～2个月也算正常。据研究发现，发音或开口讲话较早往往预示着宝宝的心理发展较早，其认知活动也比其他宝宝发展快，同时该宝宝可能智力发展较快。

父母与宝宝通过肢体、表情和语言进行交流对宝宝的语言发育非常重要，早期的语言交流对宝宝的语言发展和将来的语言应用都是不可忽视的基础。

情绪发展

新生儿的愉快与不愉快表现都与生理上是否得到满足有关，可出现无目的的“兴趣”、“微笑”和“烦恼”。宝宝情绪发展表现出以下规律：

◎ 4～6周可出现社交性微笑；

◎ 3～4个月可出现愤怒、惊奇和悲伤情绪；

◎ 5～7个月出现恐惧表现，尤其对陌生人和黑暗环境；

◎ 6～8个月可出现对陌生人的怯生；

◎ 8个月左右，宝宝会出现一种与亲近的人保持密切联系的倾向，心理学上称为依恋；

◎ 1岁时惊喜、愤怒、高兴、快乐、恐惧、厌恶、喜好等情绪都可能表现出来。

宝宝依恋的最初对象为母亲，在依恋形式上表现为与母亲依偎、要母亲抱。依恋模式分为4种类型。①安全型：与母亲分离时表现为明显不安、担心和惦记，母亲回来时主动迎接，与母亲亲热一会儿后很快平静下来而继续玩耍，约55%的宝宝属于这个类型。②不安全回避型：专注于玩具、周围环境和事物，母亲离开时不哭不闹、无动于衷，母亲回来时主动回避或视而不见，与母亲分离或重聚时均无喜怒表现，约占23%。③不安全矛盾型：过分地“黏”着母亲，母亲离开时非常愤怒或十分消沉，母亲回来时表现矛盾，与母亲重聚并不能使他（她）平静下来，约占8%。④不安全解体型：剩下的不能归入以上3种依恋类型的宝宝，归入不安全解体型；这类宝宝的行为明显缺乏一致性和可理解性，在与母亲分离或重聚时表现出一组混乱无序的情绪和行为反应，约占14%。

依恋和与依恋对象分离时表现出来的焦虑是小儿早期情绪发展的主要成分，依恋对象往往能给宝宝安全感，是宝宝早期教养的一个关键因素，让宝宝的舒适、安全感增加到最大限度。

认知发展

出生24小时的新生儿听觉、视觉、嗅觉和味觉都有相当的发展，对声音刺激有眨眼、转头、哭的反应，能用眼追踪移动的物体，闻到不同的气味和尝到不同的味道时会表现出不同的动作。

◎ 宝宝出生1周时会注意到光线和声源；

◎ 1个月时可注意到进入视野内的物体，眼睛可上下左右转动并跟踪移动的物体；

◎ 2个月时喜欢看人，听到人的声音会变得安静，能辨别不同人的声音；

◎ 3个月时可用眼睛跟踪移动的物体和寻找声源，通过探索表现自己；

◎ 4～7个月时可以看到颜色，跟踪移动的物体，模仿声音和动作，寻找有关的玩具；

◎ 8～12个月可将小玩物放入容器内，会寻找被藏起来的物品，区别不同物体发出的声音，能通过颜色和大小辨别物体。

宝宝出生后不久即注意新来到的世界。新生儿对周围环境中的巨响、强光等有非条件定向反射，但注意力极不稳定。1岁左右可短暂凝视物体，随着年龄增长，注意力的稳定性逐渐增大。

宝宝在半岁以前可有运动性记忆，如寻找从视野中消失的玩具。6个月以后出现认知性记忆，能分辨出熟人和陌生人的面孔，见到母亲或熟悉的面孔有亲近动作和愉快的表现，见到陌生面孔则躲避或不安。宝宝的记忆保持时间短，即便是熟悉的母亲面孔几天不见也会成为陌生的面孔。

0～1岁宝宝会有哪些情绪

人们常常以为宝宝只会哭、睡觉和吃奶，其实自他们出生后，就作为一个“社会成员”萌发了心理活动。宝宝的情绪最初有两种反应：一种是愉快，反映生理需要的满足；另一种是不愉快，是生理需要未获得满足或有其他不适，哭叫就是不愉快的情绪反应之一。

随着年龄的增加，宝宝的情绪会逐渐复杂起来。心理学家曾对500名宝宝进行观察，发现不同月龄宝宝有不同的情绪表达。

◎ 婴儿从满月到3个月末时，即有欲求、喜悦、厌恶、愤怒、惊骇和烦闷6种情绪反应。最初的微笑是身体处于舒适状态的生理反应，比如吃饱了、睡醒了、刚刚换了干净的尿片。慢慢地宝宝的微笑也具有了社会性，会影响成年人，如看到母亲和熟悉人的脸、听到他们的说话声就会笑。当宝宝微笑或出声地笑时，父母给予积极地应答，宝宝就会笑得更欢。父母和宝宝不断地强化这种应答，家长能够从中得到满足，同时这也是宝宝的心理需求。

◎ 4～5个月的宝宝情感就更丰富，对母亲情感的需要，有时甚至超过饮食。如果母亲只会将乳头塞进宝宝的嘴里，这并非上策，有时还会失灵。如果加以爱抚、亲吻、哼唱歌曲，宝宝或许会变哭为笑。注意改善宝宝的情绪，可以从环境、衣被、生活习惯、玩具、轻音乐等方面加以调节，这样就会取得满意的效果。

◎ 6～7个月的宝宝，感情色彩更为浓厚，明显地表现出对母亲的偏爱。当陌生人出现时，可停止微笑，并表现出警觉，拒绝别人的摸、抱，甚至哭起来，而对母亲产生明显的依恋感，母亲一旦离开就会哭起来。

◎ 8～9个月的宝宝会用声音来吸引熟悉的人，也会模仿别人的表情，别人对他笑，他也会笑；如果挨了骂，会有要哭的表情；对不同语气的理解增强了，还会用自己的方式表示“不”。

◎ 10～12个月的宝宝会用哭表示自己的需要和引起他人的注意；可以准确地表示愤怒、害怕、嫉妒、焦急、同情，表现出自己的性格。

家长要注意观察宝宝的情绪，因为不良的情绪将直接影响宝宝的心理和智力的发育。稍有疏忽，就可能会使宝宝发育成一个退缩型、冷漠型、孤僻型或焦虑型的儿童，长大以后情绪不稳定、性格懦弱、缺少自信心、适应性差。只有认真观察宝宝的情绪，给予正确的诱导和教育，宝宝才会健康茁壮地成长。

1～3岁宝宝的心理特点

幼儿期宝宝在婴儿期的基础上身体和心理进一步发育。

●神经系统的发育

幼儿期是大脑发育最快的阶段。到3岁时，幼儿的大脑可达到1000克左右，约为成人大脑重量的75%，此时的大脑结构和功能更加复杂，神经细胞体积增大，突触数量和长度增加，神经纤维朝不同方向延伸，与各脑区细胞发生联系并接受来自其他脑细胞的纤维，错综复杂的神经细胞联系网络形成。同时神经纤维的髓鞘化形成，标志着大脑发育成熟。

断奶

幼儿到了1岁左右就应该断奶。虽然1岁以前母乳为宝宝身体的健康发育提供了丰富的营养，其所含的大量抗体和酶类为宝宝战胜各种感染起到其他饮食无法替代的作用。但在宝宝出生后1岁左右，母乳中的蛋白质等营养物质逐渐减少，已无法满足宝宝身体日益快速增长的需求，因此要断奶。

断奶过程从心理学上讲是母亲与宝宝之间依恋形式的转变过程，是宝宝从对乳头的本能依赖向高级情感联系的过渡。及时断奶将有助于宝宝的心理向社会化发展。

动作的发展

1岁左右的宝宝已能行走自如。1岁半以前能蹲下，将地上的小球捡起，会跑但跑不稳。1.5～2岁可以自由上下楼梯，跨越简单低矮的障碍物，可以自己用勺子吃饭。2～3岁时能单脚站、双脚跳、跑步，参加有组织的活动，具有基本的生活自理能力，如用筷子吃饭，自己穿短裤、背心和袜子。双手精细动作较准确，眼、手的协调能力进一步加强，可以折纸、画图形。

●语言的发展

1～1.5岁是正式开始学习说话的阶段，开始宝宝发出的常是一些无意义的连续音节，如“帽帽”、“抱抱”等少数模仿性发音，到后来可以说出有一定意义的词。1.5～2岁可以说出简单句和“电报句”，能表达自己的意思，如“爸爸走”（让爸爸走开，或爸爸走了）、“姐姐写”（姐姐在写字、学习）。2～3岁是幼儿学习口语的关键时期，词汇量可达1000字左右，句子结构由简单句向复合句发展，句子明显增长，所表达的内容也更加丰富，语言中可以反映人物的相互关系，表达时间概念。此阶段幼儿喜欢与大人交谈，喜欢听大人讲故事并能理解故事内容。

●认知的发展

比起1岁的宝宝，2～3岁宝宝的感知觉渐趋精细。视觉方面已能分辨出基本颜色，有空间和时间的概念，如可以分出上下、左右、前后、远近、上午和下午，但还不能正确理解较复杂的空间关系，如“用右手把积木放在前面桌子的左抽屉里”。1岁左右的宝宝开始出现回忆，可以去找被藏起来的玩具。2岁时能再认出几个星期以前碰到的事物。3

岁时可以再认出几个月以前感知过的事物。

幼儿时期宝宝注意力极不稳定，不随意注意（被动注意）明显强于随意注意（主动注意），注意力容易分散，对自己感兴趣的玩具或卡通电视可以注意较长时间，随意注意逐渐发展。

思维活动是比较高级的心理活动，与语言系统的发展密切相关。因此，思维活动发生较迟，只有在1岁以后才开始发生。2～3岁宝宝的思维具有直觉行动性，即只有依靠感知和自身的动作才能进行思维并且把自己的思维讲出来，一旦离开了动作，思维也就终止。此年龄段的宝宝能够根据颜色、大小、形状、运动等外部特征对事物进行简单归类。萌发想像性思维，可以把无生命的玩具熊当作小弟弟，给他喂饭、洗衣，可进行简单的扮演性游戏。此时幼儿的行为动作是思维的前提，只能在动作时才有思维，因此，他不会在动作中思考，不能预见动作的后果。

●情绪的发展

1岁以前的宝宝主要表现为母亲离开后的焦虑和对陌生人的恐惧。2～3岁时，在外界环境的影响下，各种情绪活动进一步分化，可以体验到高兴时的愉快，受到赞扬时的满意，受到责备时的烦恼以及委屈时的悲伤，其特点是情绪很不稳定，高兴与悲伤的转换较快，常常破涕为笑。

幼儿在与大人的接触、交往过程中，通过大人对事物好坏评价的影响，高级情感活动开始萌发，开始产生出“好”、“坏”、“乖”等较早期的道德情感体验，有了“爱”与“憎”的情感表现，如把小人书上“吃小白兔的大灰狼”撕掉，替被困于山洞中的“葫芦娃”落泪。这些虽然是基于模仿而非真正理解的道德情感，但这是宝宝以后品德形成的基础。

宝宝1岁以前没有意志活动。1岁以后随着言语发展和运动技能的掌握，意志活动开始萌发，最初表现在能够按大人指示去完成一定动作的基础上，可借助自己的言语来控制自己的动作。2～3岁开始表现出强烈的独立行动意识，想要摆脱大人的约束。这只是意志活动的开始，但在完成“一件事”上控制自己的能力和克服行动中困难的能力还远远不够，看上去似毅力不够、易打退堂鼓、做事虎头蛇尾。

●个性特征的发展

个性特征是在高级神经活动类型的基础上产生的一个人区别于其他人的行为方式。3岁以前的幼儿明显的个性特征表现在有强烈的好奇心及探索环境的兴趣，主动、独立地干自己的事，有合作精神，活动量进一步增加，活动范围也逐步扩大。幼儿早期的这些个性特征很不稳定，极易受外界环境、教育、父母个性特征的影响，只有发扬良好的方面，纠正和引导不良的方面，才能为日后形成稳定、良好的个性特征打下基础。

个性特征的另一个主要成分是自我意识，即意识到自己个体的存在。意识到人有手、足、眼睛等组成部分，意识到自己与外界客观物体是相互独立而不是混为一体的。自我意识在对幼儿心理活动的调节上起着重大的作用。1岁前的婴儿没有自我意识，分不清作为主体的自己与客观物体的区别。随着宝宝对自己存在和自己力量的认识，从自己的行为中感受到自信和自豪，大人对宝宝行为的评价在此时期幼儿自我意识的发展中也起重要作用。掌握和运用与“自己”有关的词，如知道自己的名字、性别等，标志着幼儿自我意识的飞跃发展，一般在2岁左右才能达到。

气质也是个性心理特征之一，是指由生物学因素所决定的相当稳定而持久的心理学特征，是行为的表现方式，体现在行为的速度、强度和灵活性等方面。每个儿童的气质从出生就表现各异，以生物学为基础影响着每个儿童日后个性的形成。有的学者将儿童气质划分为9个特征，即活动水平、节律性、趋避性、适应度、反应强度、情绪性质、坚持度、注意广度和反应阈值。根据这些特征将儿童气质主要分为3种类型。①难养型：生理功能不规律，对新事物和陌生人回避，适应较慢，经常表现为强烈的消极情绪，较难抚养，易出现行为问题。②易养型：生理功能规律性强，容易接受新事物和陌生人，情绪积极，反应强度中或低度，适应快，易抚养，多数不会出现行为问题。③启动缓慢型：对新事物和陌生人最初反应慢，适应性差，反应强度低，消极情绪较多。

通过对儿童气质特征的了解，父母可以更系统地了解宝宝的行为方式，提出适合自己宝宝的教育相处方式，以达到和谐的亲子关系。

什么是宝宝的第一反抗期

在儿童心理成长过程中一般有两个反抗期，一是3～4岁的第一反抗期，二是12～15岁的第二反抗期。而这两个重要时期的心理发育状态，往往又会影响到今后的性格和情感的健康形成和发展。

幼儿3～4岁左右，由于自由活动能力大大增强，各方面知识不断增多，就表现出独立的愿望，虽然能力不强也要动手自己干，变得不太听话。如自己倒水，自己爬到高处去，非要做家长不允许的事等；有的宝宝在睡觉的时候非要选择特定的被子，特定的人讲故事，特定的情景，这是一种自我意识的表现，心理学上称此阶段为第一反抗期。心理学研究表明，在3～4岁期间表现出反抗情绪的宝宝，更容易成长为心理健康、独立坚强的人；而丝毫没有反抗表现的宝宝，长大后则往往在性格上趋于软弱和寡断。处于反抗期的宝宝不喜欢别人吩咐他做某件事或被迫接受某种意见——哪怕这意见和行为是正确的。这时，父母应注意尊重宝宝，让宝宝有所选择。父母可以把自己期盼宝宝接受的做法与其他几种可能摆在一起让他选择，既让他有所独立，又往往能心甘情愿地顺从父母的建议。

目前，随着父母的过度关爱和电视文化的影响，幼儿普遍早熟，自我意识萌芽提早，幼儿第一反抗期的起点，有的已经提前到20个月左右。

第一反抗期提早出现并非坏事，它是宝宝自我发展的需要，也是宝宝成长的标志。在幼儿时期，自我发展处于“冲动阶段”，宝宝经常会对每一项来自父母的提议都说“不”，这正是他们希望通过自己对大人观点和指令的否定，来强调自己的存在，也是寻求大人对他们尊重的一条途径。他们也希望借此向大人展示自己已具备的能力，因为这时期的宝宝觉得自己的能力已经很强了。

如何应对宝宝的第一反抗期

在宝宝开始喜欢跟父母说“不”的时候就是他们建立自我和自尊的第一步。宝宝这么做的目的无非是为了要求和大人一样的平等地位，此时父母对宝宝的行动不要轻易加以干涉，要以平等的姿态来征询宝宝的意见，给宝宝留有选择的余地。这样做会让宝宝觉得得到了尊重，也就不会轻易产生反抗情绪。

对于宝宝必须做而且完全能够做到的事，父母应该严格要求宝宝执行。而对于那些不必要的且宝宝不愿意去做的事就不要强行要求他们。

对于宝宝的好奇心，父母应该给予支持，千万不要对宝宝过度保护或是包办代替，这样会使宝宝失去很多自我探索的机会。对于宝宝的能力，父母要给予充分的相信和肯定，当宝宝遇到自己能力范围可以解决的困难，父母要尽量放手让宝宝自己去做，这样宝宝在体会成功的快乐的同时，也能减少和父母的对抗。

宝宝之所以表现出顽强的“反抗性”，其根本原因是想独立。表面上看起来是在和父母作对，但宝宝的内心仍然需要家长的情感支持和适时的鼓励。在放手让宝宝独立做一件事情时，父母可以首先判断一下他能多大程度上完成这件事和可能遇到的问题，然后在确保安全的前提下，让宝宝自己去做。

当父母看到自己的宝宝由乖巧向淘气转变的时候，在心理上不应该有担忧和烦恼，这些都是宝宝成长的一个过程。这个时期，父母要多给宝宝一些宽容及交流。耐心倾听宝宝内心的想法，了解宝宝的需要，这样才可以最低限度地降低宝宝的逆反心理和排斥心理。

宝宝喜欢跟父母说“不”，本是一种正常现象，但如果听之任之或百依百顺，就会形成宝宝任性、骄横的性格。因此，父母应对那些总是想用任性来达到自己不合理要求的宝宝多进行沟通和教导，跟他讲道理，介绍有关知识，说明不能满足他要求的原因，或设法转移宝宝的注意，用另一种使他更感兴趣的事来吸引他。在劝说无效的情况下，家长应明确态度：不合理的要求，再闹也不能满足，然后立即走开，用冷处理的方法来终止宝宝不合理的要求。

家庭环境如何影响宝宝的心理发展

婴幼儿在生长发育过程中，其生理发育和心理发展受出生前因素（先天因素）和出生后因素（后天因素）的共同影响，其中先天因素包括受孕过程、遗传、孕期化学和物理因素、胎教等，而后天因素包括喂养、家庭教育、幼儿园和学校教育等。婴幼儿期，宝宝主要生活环境就是家庭，因此，家庭环境在婴幼儿心理发展方面起着重要作用。

家庭类型

◎ 核心家庭　由夫妻和未成年孩子组成，这类家庭目前最多见。核心家庭夫妻双方多数有工作、经济独立，可用于孩子教育的时间、精力和财力较多，教育好孩子往往是核心家庭的主要任务。

◎ 扩展型核心家庭　以夫妻为核心，加上他们的父母或其他亲属。该类型家庭也比较常见，祖辈多退休在家，但仍有一定的体力和精力帮助照料和教养第3代。婴幼儿受到父母、祖（外祖）父母的照顾，可以使年轻父母积累较多的育儿经验和有效旺盛的精力进行工作。但这种隔代抚养教育如方法不当，则很容易造成对婴幼儿的溺爱和过度保护等不良教养后果。

◎ 大家庭　以祖辈为核心，由数对夫妻和他们的孩子组成。大家庭在我国已比较少见了。由于大家庭内部关系复杂，如同胞关系、亲子关系、妯娌关系、婆媳关系、祖孙关系等，较核心家庭和扩展型核心家庭的不和谐因素多，对婴幼儿心理发展的影响也复杂。

居住条件

居住条件不仅仅是住房类型和面积大小问题，还涉及到人们生活的多个方面，如生理需求、安全需求、心理需求等。居住环境拥挤时小儿缺乏自卫能力，同时攻击性行为也增多，受感染或污染的机会多。高层住房者外出或户外活动少，依赖性强，自立能力发育迟，甚至影响到小儿智力潜能的发挥。住平房或四合院的小儿，运动发育早，活动量、户外活动时间和活动范围较其他住房条件的小儿为大，交往能力强。住别墅的小儿，因为经济条件、父母行为或社会地位的不同，往往不知不觉地存在优越感。由此可见，居住条件是影响小儿心理发育的一个重要因素。

物质供应

每个家庭对小儿提供的物质多少与该家庭的经济收入有明显关系，经济条件好，所提供的物质就多。给宝宝提供适量的、适合年龄特点的玩具，可以使小儿在活动技巧、想像力、思维活动、动手能力、创造性思维等方面得以发展，如积木、拼图对小儿的教育作用比单纯说教要有效得多。

提供适当的小儿读物，如识字卡片、画册、童话书等，不但可以使小儿增长知识，更重要的可以提高其言语表达、词语理解、想像力、辨别是非的能力及审美能力，对小儿高级情感活动的发展和正常健康人格的培养非常需要。对小儿来说，还可以激发其以后对学习的兴趣。但过多或难度较大的读物则会起到相反的作用。因此，对小儿读物的选择要适当、适量、适度。

影响宝宝心理发展的家庭因素有哪些

对宝宝心理发展有重要影响的家庭功能包括：夫妻关系、亲子关系和家庭气氛。

夫妻关系

夫妻关系和谐的家庭对孩子的心理正常发育起良好作用，它可以给孩子带来安全感，有利于其各种心理活动的正常发展。这种家庭的孩子往往性格平和，大方，是非分明并富有正义感。

不和谐家庭对孩子正常心理发育往往起着不良的作用，夫妻的互相争执、争吵、打架，不能给孩子带来安全感。一方面，夫妻的打骂、争斗行为往往给孩子以效仿作用，在这种环境长大的孩子容易出现说谎、打架、反社会行为，严重时出现违法犯罪。另一方面，这类家庭的不安全感则影响孩子性格的正常发展，容易出现孤僻、退缩、胆小、敏感等不良性格特征。孩子所出现的不良行为和性格特征反过来又会加剧夫妻之间的不和谐，使家庭进入恶性循环的怪圈。

父母离异对孩子心理的影响远远大于离异当事人。父母离异后，很多孩子会出现丧失感、被遗弃感、不安全感，继而情绪低落，出现睡眠问题、进食障碍等心理症状。较常见的心理问题是焦虑、抑郁、恐惧、自卑，男孩容易出现攻击、违纪、离家出走等行为问题，女孩则较多出现说谎、言语攻击、敌意、社交性退缩等行为。

亲子关系

亲子关系就是指父母与孩子之间的关系。从情感上讲，父母要为孩子提供安全、丰富、充满活力的生活环境，这样孩子就会表现为正常的依赖父母现象，性格就会健康发展。如果父母对孩子经常打骂、体罚，忽视孩子的感受，这种正常的依赖关系就不可能建立并保持下去，亲子之间就会出现裂痕，甚至发生冲突、敌对。从教育方式讲，父母与孩子之间应为平等、民主关系，父母不可过于独断，尤其在对大事或与孩子有关的事情做出决定时，可询问孩子的意见，坚持公平民主原则。

父母的行为往往是孩子行为的楷模，潜移默化之中，孩子就会把父母的行为、处理问题的习惯方式学过来。所以，父母首先要以身作则，起到表率作用。其次，父母要培养孩子健康、向上的良好品质。第三，对孩子的要求和期望不可过高或过低。

●家庭气氛

有些家庭成员之间彼此互敬互爱，大家的心情都比较愉快。有些家庭虽然少不了吵吵闹闹，但在大的问题上还是齐心协力，彼此间仍有一定的感情。有些家庭的气氛则始终表现为紧张、争吵，家庭成员之间笼罩着阴云、充满着矛盾。家庭中的不同气氛对孩子的思想、态度和行为都有影响。如果家庭气氛愉快、安全，就有利于孩子行为的健康发展。如果经常吵吵闹闹，孩子经常提心吊胆、害怕受到惩罚，不但个性不能健康发展，还会出现一些情绪和行为问题。

父母的情绪会影响宝宝心理发育吗

宝宝很多所谓的“问题行为”之所以要归根于父母的消极情绪，是因为当父母处于消极的情绪时，他们会漠视宝宝的许多需求，或者即便满足宝宝的需求，也是在一种不得已的状态下去行动，此时，宝宝能敏感地意识到父母的不良情绪。于是，宝宝就会尝试各种各样的行为来重新唤醒父母的注意，诸如哭闹、睡眠出现“障碍”、富于攻击性等。从某种意义上说，宝宝的表现是父母情绪状态的晴雨表。当父母处于不良情绪中时，为了不伤害宝宝，可以考虑以下几点。

◎ 当父母情绪不佳的时候，即便隐忍着不表现出来，宝宝也会敏感地意识到。因此，在面对宝宝时，父母要先调整好自己的情绪，尽量避免带着消极情绪来与宝宝交流。多想想宝宝那些令人惊诧的进步和可爱的趣事，父母的心情也会好转许多。

◎ 当父母确实无法调整自己情绪的时候，不如暂时请求其他与宝宝相熟的人替代看护，找个机会把情绪发泄出去，比如大声地唱歌、痛哭一场，等自己情绪平稳了再去接触宝宝。

3～6岁宝宝的心理特点

●身体发育特点

3周岁后到入小学前的这一时期称为学龄前期，儿童主要在幼儿园活动，体格发育速度相对减慢，达到稳定增长状态，每年身高增长4～5厘米，体重增加1.5～2.5千克。一般来说，男孩的生长速度在6～7岁的时候出现一个低谷，也就是生长速度最慢的时期。女孩在5～6岁时生长速度最慢。这种生长变化的规律性在女孩更为明显。此时，脑和神经系统发展到接近大人水平，学龄前期结束时几乎所有皮质传导纤维都已髓鞘化，动作更加协调、稳定，可以形成正确的跑步姿势，准确移动脚步和躯干跨越障碍物，精细动作更加准确，可以解钮扣、解系鞋带等。

语言的发展

词汇量明显增加，可达3 000～4 000个。其中，大量出现的为名词，涉及到儿童生活、游戏等经历过的各种事物，对新鲜事物和新名词特别感兴趣，还可以从书本、动画片中学到不少抽象的名词，如“观点”、“情绪”、“消息”等。理解并能运用方位词，知道较复杂的方位关系，如左前方、右下方，能从照片或镜子中辨认出人物的方位及其与自己的关系，能理解某些时间概念，如“一天”、“一小时”、“上午”、“晚上”等，但相对时间概念还比较模糊。3～4岁的儿童可能会搞错人称代词你、我、他，将说话环境与具体事件或人物联系起来可以正确表达，讲述抽象事物或与环境相脱离时则可出现明显的错误。6～7岁即可正确运用人称代词，与自我意识的进一步发展有明显关系。

出现以自我为中心的言语，这种言语是一种尚不起交际作用的自言自语，经常在伴随动作、游戏、思考问题、遇到困难的情况下产生，往往把内部思维活动以言语的形式讲出来，3～6岁左右的儿童自言自语的发生率最高，以后逐渐下降。此期儿童可以用简单和复杂的句子表达自己的意思，如表达自己要吃东西可以说：“我要吃东西”，或

“（因为）我的肚子饿了，（所以）我要吃东西”。语言连贯性随年龄增大而越来越好，在语言表达的同时还可伴有丰富的面部表情或动作，此阶段利用语言与他人进行交流已没有障碍。

注意力的发展

学龄前儿童的注意仍然以被动注意占优势，只有当被注意对象色彩鲜明、外观生动形象时才能引起儿童的注意。电视中播放的动画片就具备这种特点。因此，动画片最能引起学龄前儿童的注意和兴趣。从这点来看，观看内容健康、人物活泼、视觉效果好的动画片不失为学龄前儿童教育的一种行之有效的方法。

主动注意是指必须克服外界环境的各种干扰才能达到注意的效果。3～4岁儿童的主动注意时间仅为10分钟，5～6岁的儿童也不超过15分钟。因此，在给学龄前儿童进行知识教育时要充分注意到这一客观规律，不可长时间的灌输，更不能要求儿童长时间注意某一项学习的内容。

记忆的发展

此阶段儿童的无意记忆占优势，有意记忆开始萌发。以具体形象性和机械性记忆为主，抽象记忆相对不足。此期儿童记忆的另一个特点是将不同来源，或是自己经历、或是故事中、或是臆想的内容与现实情况混为一谈，心理学上称为潜隐记忆，父母往往认为儿童在说谎，实际上是一种正常现象，区分儿童是否说谎关键是要辨别出是幻想还是现实。

思维的发展

与婴幼儿相比，学龄前期儿童的思维已明显摆脱了动作的束缚，也就是说，在动作之前对动作的目的已有了一定的预见性，但仍然离不开实物和实物的表象。

此期的儿童往往有丰富的想像力，可表现在游戏活动和讲故事中，游戏活动形式从简单动作模仿逐渐过渡到象征性游戏（过家家，扮医生、护士）和创造性游戏（角色扮演等），而象征性游戏和创造性游戏在儿童5～6岁时达到高峰。在游戏过程中，儿童的思维活动和社会化角色的规则也会很快地发展。从一定意义上讲，组织和引导好学龄前儿童的游戏比教他们认字、背唐诗宋词更能开发早期智力。

思维活动的另一个特点是儿童开始能对事物有直观、具体的概括。虽然已能对生活中经历的事物进行正确的推理和判断，但由于缺乏生活经验，加上儿童记忆的特点，他们往往用自己的逻辑和过多的臆想进行推理和判断，容易得出不正确的结论。

情绪的发展

儿童的情绪体验非常丰富，大人能体验到的情绪，学龄前期儿童基本上已能体验到，如高兴、悲伤、愤怒、恐惧、紧张、害怕等，而且很容易表现出来，不像大人那样可以控制自己的情绪。

焦虑和恐惧是此阶段的主要不良情绪体验，当与家人分离、受到批评和伤害后可出现明显的焦虑反应。对想像的事物如黑暗、魔鬼、声音、幽静等有明显的恐惧，尤其在电视、故事、谈论中看到或听到有关事例后更为明显。

随着自我意识的进一步增加，高级情绪活动如同情心、孤独感、荣誉感、审美感、道德感、合作精神也进一步发展。儿童能讲出一些大人的话，使父母惊讶，有“宝宝已经长大了”的感觉。

性心理发展

学龄前期是儿童发展性别认同和形成性别社会规范行为的关键时期，此期儿童主要通过选择玩具和日常活动内容来反映性别角色。男孩在玩具上多选择刀、枪、剑、汽车、坦克等显示“男子汉”气概的玩具，游戏和日常活动也多扮演见义勇为、拔刀相助、“爸爸”、“英雄”等角色。女孩在玩具上多选择布娃娃、小动物等显示文静、爱心的玩具，在游戏和日常活动中也多扮演“妈妈”、“公主”、被保护对象等角色。4岁以前这种游戏和日常活动中性别的差异尚不明显，5～7岁已逐渐显示出差异来，在活动中也可表现为按性别不同而进行不同的活动内容。

在此时期，性别角色混乱或性别识别障碍就表现为男孩女性化或“娘娘腔”，女孩男性化或“假小子”。因此，家长应对儿童的性别角色加以正确引导，这样对日后性心理正常发展，避免出现性心理障碍如同性恋、易性癖等都将有积极的意义。

童心·呵护

TONG XIN HE HU

呵护宝宝心理健康应注意哪些方面

宝宝的健康问题是家长们最关心的问题，而健康应包括三大要素，一是无身体上的疾病与残缺，二是无心理疾病，三是具有良好的社会适应能力。越来越多的父母开始注重幼儿的心理健康。其实，培养宝宝具有健康的心理和良好的社会适应能力并不难，难的是父母是否具备正确的观念，是否能在日常生活中为宝宝营造利于他健康成长的环境。

充分的抚爱包含体贴、关心、爱护、依赖等，它能带给宝宝满足与温暖，使宝宝体会到生活充满幸福与光明，从而心情愉快、积极向上，并且能同样地以深切真挚的感情去爱别人。爱是促使宝宝心理健康发展的动力，正确的爱是宝宝身心健康发展的精神支柱。同时，家长也应避免对宝宝的溺爱，溺爱的结果会造成宝宝骄横成性，散漫无羁，对父母及其他人漠不关心。

宝宝生活的内容应该是丰富的，有恰如其分的学习、劳动，有适当的游戏、娱乐。只在吃穿上给予满足，或望子成才心切，过多安排宝宝学习，都会影响人格的健全发展。

家庭成员应为宝宝创设平稳和谐的环境，平和的环境对宝宝的心理冲击比较小，宝宝容易适应，而不致于产生心理不健康。生活环境频繁变动或变动较大会引起宝宝较高的心理发病率。家庭成员应避免在宝宝面前相互指责、争吵。

艺术的陶冶能促使宝宝的人格获得健全、和谐的发展。美术的具体形象性是最受宝宝喜爱的，用以陶冶宝宝情操、发展宝宝智能有显著的效果。文学也是宝宝十分喜爱的艺术形式。好的故事、儿歌不仅使宝宝增长知识、明辨是非，还能培养他们对文学和语言的兴趣。经常和宝宝一起阅读，是促使宝宝心理健康发展的重要形式之一。

健康的躯体是宝宝心理健康的生理基础。躯体的健康同先天的条件有关，更需要后天的营养、保护和锻炼。要使宝宝的人格获得健全的发展，就必须同时使宝宝有健康的身体。

怎样在生活照顾中和宝宝进行心灵交流

母乳喂养是妈妈和宝宝心灵交往的开端。新生儿在妈妈的搂抱与爱抚中立即感受到母爱与安全，增进母婴之间的情感。新生儿的皮肤感觉出现最早而且非常灵敏，当接触到妈妈肌肤的温柔时，宝宝获得的不仅是身体和心理上的舒适，他会把妈妈当成他的整个世界。从此，他盼望母乳的喂哺，来满足生理的需要，同时渴望着妈妈的搂抱来满足他的“皮肤饥饿”和“情感饥饿”。

妈妈的微笑能吸引宝宝的视觉集中。妈妈面对面和他讲话，张嘴闭嘴多次重复的动作会诱引宝宝模仿张口动嘴的兴趣。心理学家称这种动作为“共鸣动作”。据研究证实，新生儿出生仅20小时后就能被诱发跟着妈妈做伸吐舌头的动作。这种能力显示出母子间的精神联系。因此，妈妈不要认为喂奶仅是使宝宝消除饥饿，重要的是宝宝在与母亲的交往中获得观看、倾听、触摸的机会，产生良好的情绪，启迪模仿能力，发展感知觉，学习与他人交往。

宝宝不能自理大小便，需要一天数十次地为他（她）换尿布。清洗臀部、洗澡、换衣等生活照顾，也要接触宝宝的身体。湿尿布使他感到“难过”，干净尿布使他感到“舒适”。多次更换尿布感受到的经验使宝宝学会尿湿了就以哭来表示要求，换好后对着妈妈微笑，手舞足蹈表示满足。妈妈可在换尿布的过程中对宝宝说：“宝宝张开两腿，换尿布。”每次换尿布都重复，以建立条件反射。宝宝受到语言和动作的刺激，到了4～5个月时会自动配合换尿布，能自己翘起两腿，抬高臀部，等待妈妈为他换尿布，这是妈妈与宝宝交往获得的回报。同样，在洗手、洗脸、洗澡等其他生活照顾中进行母子心灵交往也会产生很好的效果，使宝宝身体得到了锻炼，增强了活动能力，促使感知觉灵敏，情绪愉快。

宝宝生长发育十分迅速，妈妈应随着宝宝智力发育的需求，适时地供给大脑丰富的“精神食物”，各种促进脑细胞生长的刺激，使大脑能“吃饱”、“吃好”，并能消化吸收。从最初认识自己的手脚、奶瓶到其他用品、玩具等，从认识父母和家人，到感知身边环境中的人和事，开始他人生最初的人际交往。

给宝宝断奶时应注意哪些问题

宝宝断奶并不像大人所想像的那么容易，吃惯了母乳的宝宝不仅仅把母乳作为赖以生存的食物，而且对母乳有一种特殊的感情。他们在心理上依赖母乳，母乳会给他们一种信任和安全感。如果突然断奶，不仅会给宝宝身体带来影响，还会对宝宝心理发育产生不利影响，特别是对那些母乳喂养时间长、没有及时添加辅食的宝宝来说，更是如此。断奶可使宝宝表现得好哭闹、夜惊和拒食。有些母亲在断奶时，会采用在乳头上涂紫药水、辣椒或黄连等，企图借此来戒断宝宝吃奶的习惯，而这些做法容易使宝宝产生恐惧、悲伤、焦虑、愤怒等不良情绪，因而是不可取的。

为了使宝宝能在生理上、心理上顺利地渡过断奶期，父母应该有个长远的打算。从宝宝4个月起应逐步添加些奶糕、米粉、稀饭等，为断奶做好准备。一旦宝宝接受这些食物，就可逐渐过渡到断奶。断奶不是一两天就能完成的，不能急于求成。遇到宝宝身体不适或恋奶等情况时，不能过于强硬地断奶。只要断奶前有了充分的准备，采用循序渐进的方法，宝宝就会顺利地断掉母乳。

为什么要重视宝宝情感的培养

人在认识客观现实中的各种事物和现象时，常常伴随着各种不同的态度，或喜爱、兴奋、愉快、赞赏，或厌恶、痛苦、愤怒、恐惧。这种种表现，就是情感。婴幼儿自出生后，随着年龄的增长，在周围环境和教育的影响下，都可能具备对周围现实的各种各样的情感体验。既然这样，那么为什么还要重视幼儿情感的培养呢？

●情感在人的生活中有重要的作用，是人行为的动力

高尚的情感推动高尚的行为，卑微的情感会导致卑鄙的行为。情感在成人行动中具有这样重要的作用，对于幼儿也是如此。一个有同情心、有爱心的幼儿，可以和其他小朋友分享自己的玩具、图书；而粗暴、缺乏同情心的幼儿，则有好东西就独抢独占，稍不如他意时，就会又哭又闹。幼儿期正是人各种情感形成、发展的时期，他们可能形成

积极、健康的情感，也可能形成消极、不健康的情感。因此，家长从小注意他们良好的情感的培养，无疑是非常重要的。

●情感对幼儿的认识过程也有着很大的影响

不论是在感知、注意、记忆过程中，还是在思维、想象过程中，都可以明显地看到情感因素的作用。有一个实验，请A、B、C三组年龄相仿的儿童，分别观察一张主题、内容完全相同，但色彩不同的图片，A组观察的图片色彩鲜艳，B组观察的图片色彩暗淡，C组观察的图片无色彩，看幼儿观察图片时注意集中的时间和观察后的记忆效果。结果显示，A组儿童注意集中的时间最长，记忆的效果也最好。因为当幼儿看到色彩鲜艳的东西时，会产生轻松愉快的情绪，此时思维最活跃，想象力最丰富。如幼儿在涂鸦时，给他以充分的精神自由，积极鼓励幼儿大胆想象，大胆表现，想画什么就画什么，让幼儿沉浸在轻松愉快、自由自在的创作情绪中，往往能画出许许多多新鲜的题材，表现出意想不到的丰富构思。而如果家长急于将自己的主观意图强加给幼儿，横加干涉，无理责怪，幼儿就会精神紧张，画出来的画往往主题单调，构思简单，内容贫乏，形象呆板。可见，要培养幼儿良好的感知能力、注意力、记忆力，培养幼儿灵活的思维能力、丰富的想象力，就先要考虑培养幼儿积极、愉快的情感。

●幼儿情感的发展与幼儿个性的形成有密切的关系

一方面，稳定的情感，会逐渐成为幼儿的性格特点，如家长经常要求幼儿做力所能及的事情，爱护花草动物，这样就能使幼儿逐渐形成比较稳定的同情心和关心体贴别人的情感，久而久之，这种情感就成为幼儿性格的一部分。另一方面，幼儿情感的发展影响幼儿性格形成的方向。比如，在集体中感到愉快，喜爱集体活动的幼儿，容易形成热爱集体、活泼、开朗的性格；而在集体中感到拘束、不喜爱集体活动的幼儿，则容易形成孤僻、冷漠、怯懦、忧郁的性格。

所以，家长应该从幼儿时起，就注意培养、发扬其积极的情感，并克服、消除其消极的情感，为良好个性的形成打好基础。

什么是宝宝的情感依附心理

对婴幼儿来说，情感性依附是他们身心健康发展的必要条件。因为宝宝需要与父母沟通感情，在探索环境中的陌生东西时，他们需要父母提供安全的保障；他们害怕时，需要来自长者的保护。宝宝需要注意他人，也需要为他人所注意。

如果剥夺了幼儿依附的基础，即幼儿得不到来自父母的爱与保护时，直接的后果就是他们无法应付环境的各种刺激。这种无法适应，就意味着失调，会影响幼儿的健康发育，甚至削弱他们机体的防病能力。心理学专家对缺乏父母照顾的婴幼儿进行了调查研究，结果表明，这些宝宝中有许多人有明显的焦虑、紧张等情绪反应。他们易激动，过敏，睡觉时常常会惊醒或者难以自然入睡，体重都明显低于正常标准。统计数据显示，这样的宝宝容易受到疾病的侵袭，而且心理发育也往往不健康。

宝宝过度依赖怎么办

过度依赖行为多指发生在婴幼儿期在行为、情感、活动上独立性不足，过分依靠父母或他人的行为。正常情况下，宝宝在发育过程中，首先与妈妈在情感上发生依赖关系，在独立性未充分发展之前，各种行为和活动都依赖着大人。也就是说，每个人在心理发展过程中，都经历着由完全依赖他人到完全独立的发育进程。调查显示，过度依赖行为发生率在婴幼儿期可达21%左右。部分女孩的症状可以持续较长时间，甚至到成年以后依赖性也比较强。男孩的过度依赖行为持续时间较短，随着年龄的长大，独立性逐渐发展，依赖性渐渐被克服。

如果父母对小儿生活的各个方面过分照料，会使宝宝养成“衣来伸手，饭来张口”

的习惯。一旦离开父母，没有了父母的照料，就不知所措。正常情况下，婴幼儿在情感上依赖母亲，当宝宝的这种正常心理需求被父母有意或无意地忽视，或粗暴地给予拒绝，小儿从正常的依赖向独立的发展过程就会受到影响，独立性不能正常地建立而产生过度依赖。

2～3岁是小儿产生过度依赖行为的危险时期，此时，如果父母处理不当，容易使小儿产生过度依赖行为。婴幼儿常常表现为寻求与依赖对象身体上的接触，如喜欢让妈妈或其他人抱，紧紧依偎在父母身旁，不肯自己去玩或与小朋友一起玩。做事情如玩耍、上厕所时往往需要父母的陪伴。年龄稍大后，对自己能独立做的事情不能独立完成，不能自己做出决定，需要别人的帮助或由别人来拿主意，相信他人胜过相信自己。依赖的对象因年龄和环境不同而有所不同，婴幼儿时期由于活动多局限于家庭环境，依赖对象多为母亲或家人。入幼儿园以后主要依赖对象为老师或同学。

为预防幼儿的过度依赖行为，父母应注意以下方面。

◎ 不要把婴幼儿看作一个被动、无能的个体。心理发展的过程是个体不断探究成熟的过程。2～3岁的幼儿已经能在很多方面自我照料，如自己进食、入厕、穿脱衣服和鞋袜，作为父母只能在精神上进行鼓励和在技巧上进行帮助，而不是一切包办代替。行为成功了，要及时给予鼓励，失败了，也不可批评、打击。从日常生活的每一件小事作起，使宝宝树立自信心，培养其独立做事的能力。

◎ 对过度依赖幼儿，父母应先从日常生活中简单、易完成的事情开始，逐步改变其过度依赖的心理。当幼儿独立完成某一事情后，及时给予奖励，以强化已发生的行为，直到依赖性行为消失，独立性行为出现。

◎ 对于依赖性较重的幼儿，家长要改变对幼儿粗暴、冷淡的态度或过分帮助的方式，给予其独立做事的机会，提高自我料理的能力和解决问题的能力。

为什么隔代抚养不利于宝宝心理健康

现代社会中，年轻的父母因工作忙等原因，常常将宝宝交给祖辈抚养。这样既可让老人因抚养宝宝有事可干而内心充实，又因老人有育儿经验及血缘亲情关系能更好地照顾宝宝，让父母放心，可谓一举多得。但隔代抚养也有不利之处。

隔代抚养常常使宝宝的情感需求得不到满足，从而产生情感和人格的偏差，既不利于宝宝的健康成长，也影响父母与孩子之间的感情和关系。现代心理学研究表明，宝宝对父母的情感需求，是其他任何感情所不能取代的。即使宝宝的爷爷奶奶、外婆外公将自己全部感情投到宝宝身上，也无法取代父母和孩子之间的感情。宝宝缺少父母的关爱，极可能因情感缺乏而产生情感和人格上的偏差，导致诸如心理和行为障碍，对人对物缺乏爱心，易产生暴力倾向等问题。

隔代抚养更易养成宝宝任性、自私、为所欲为的性格。老人对待孙子孙女都疼爱有加，“含在嘴里怕化了，捧在手里怕摔了。”什么事都依着宝宝，迁就宝宝，为宝宝辩解。而在这种溺爱、袒护的环境中成长起来的宝宝，极易形成任性、自私、为所欲为的性格。这实际上给宝宝培植下了诱发心理问题的病灶，对宝宝的健康成长极为不利。

隔代抚养最严重的危害还在于这种抚养方式极可能导致小孩心理变异，产生诸多心理问题和疾病。从心理学角度来看，隔代抚养一般会导致以下几种心理问题和疾病。

◆ 宝宝长期处于老年人的生活空间和氛围中，耳濡目染老年人的语言和行为，这对于模仿力极强的宝宝来说，极有可能加速宝宝的大人化，或更严重的造成宝宝心理老年化。

◆ 由于老年人大都喜欢安静而不喜欢运动与外出，极有可能使宝宝的视野狭小，使宝宝缺乏应有的活力和活泼，不利于养成宝宝开阔的胸怀，活泼与宽容的性格。这样使宝宝长大后，为人心胸狭小，不善与人交际，易产生交际恐惧症。

◆ 老年人思想很容易固定化，行为模式化，往往表现出固执、偏激、怪异的想法与言行。这极不利于宝宝的性格培养，可能导致宝宝产生怪异的心理和行为，人格的偏离，暴力倾向加剧，等等。

◆ 老年人抚养宝宝，常常是过分的关心和溺爱，包办宝宝的一切事情，使宝宝没有机会做自己的事情。长期下去，会使宝宝缺乏独立性、自信心和果断力，产生依赖心理和受挫力差的毛病。这使宝宝在成长中，稍微受挫就一蹶不振，产生心理与行为的障碍。

所以，不管有多重要的事、多么忙，都应自己亲自抚养宝宝，陪伴宝宝成长。

怎样提高宝宝的自控能力

自我控制能力是一个逐渐发展的过程。1岁左右的宝宝由于受大脑发育的限制，以不随意动作为主，对自我的控制能力很差，行为主要受外界环境控制。2～3岁的宝宝随着对外界的逐步认识，自我控制的能力逐渐发展，但水平很低，主要表现为以自我为中心、任性等特点。父母可以通过以下方法帮助宝宝提高自我控制能力。

◆ 对宝宝的行为提出明确的要求　父母应为宝宝的生活或行为提出一些简单、明确的要求，要考虑这些要求或规则是否合理，是否符合宝宝的年龄特点。制定规则是为了让宝宝知道，任何地方都是有约束力的，不能为所欲为，从而使宝宝逐渐学会自我控制。

◆ 尊重宝宝 要求或处理宝宝的行为时，要和宝宝协商讨论，让宝宝有表达意见和选择的机会。对宝宝的要求或规定，父母要说明理由，但应避免长篇大论。

◆ 使宝宝养成良好的行为习惯 通过一些有效的教养方式，帮助宝宝把外在的规则内化为自己的行为标准，并使他意识到这样做是自己心甘情愿的，而不是强迫的。1～3岁的幼儿自我表现欲望很强，所以对他们良好的自我控制行为加以表扬，他就会再次出现这种行为，通过不断的强化，使宝宝形成习惯，内化为个人的行为标准。

◆ 在日常生活中培养宝宝的自我控制能力 例如规定宝宝按时睡觉，准时起床，按时吃饭，不偏食挑食，少吃或不吃零食等。

◆ 父母要以身作则 父母是宝宝观察、学习的对象，所以父母在日常生活中，注意言行一致，做事严谨，遵守诺言，控制自己的行为与情绪，给宝宝树立一个良好的学习榜样。

怎样对待宝宝看人学样的心理

爱模仿是幼儿心理发展的特点，具体表现在独立性差，看见别人玩什么，自己也玩什么，看见别人做什么，自己也跟着做。总之，我们周围的一切事物都可能成为宝宝模仿的对象。这表明宝宝的能力在不断发展。当然，由于宝宝的辨别能力差，在学样的过程中，宝宝会学好的，也会学不好的。怎样帮助宝宝有选择地学，关键还在于父母的正确引导。

◎ 利用宝宝喜欢模仿的特点，注意大人的行为举止。父母的一举一动、一言一行都是宝宝学习的榜样。孝敬老人，文明礼貌，勤劳善良，这些美德都会潜移默化地影响宝宝。相反，粗俗的举止、丑陋的恶习也会被宝宝效仿，对宝宝的成长造成不良影响。

◎ 强化良好的行为举止。宝宝有了进步，爸爸妈妈应及时表扬、鼓励，使宝宝好的行为继续得以保持。比如宝宝看到妈妈捡起掉在地上的东西后也跟着去帮妈妈捡，就应该夸奖宝宝说："宝宝真能干，会帮妈妈做事啦！"也可以亲亲宝宝，搂搂宝宝，让宝宝感觉到：爸爸妈妈喜欢我做好事。

◎ 帮助宝宝克服"看人学样"中的不良影响，可用以下几种方法：①宝宝学了不良举止，爸爸妈妈不必再提起或重复，让宝宝渐渐淡忘这一切；②不良的因素影响宝宝时，可以回避或用其他事物转移宝宝注意力；③用表情、动作表示自己对宝宝行为的否定、不满意、不喜欢等。

什么是认生心理

认生是指婴幼儿对不熟悉的人表现出一种害怕的反应。例如有的宝宝见到陌生人会表现出严肃、紧张的神态，或试图回避、躲藏。有的宝宝甚至表现出严重的恐惧，尖声哭叫，挣扎着要离开现场等。1岁以内的宝宝都要经历一个“认生”的阶段。

◎ 小于4个月　此时的宝宝不会认生，他们对一切新奇的事物，包括对陌生人，都会表现出极大的兴趣，对任何人的引逗都会报以喜悦与微笑。

◎ 4～5个月　他们对陌生人会出现“警惕地注意”现象，会来回地注视、比较陌生人与熟人的面孔，对陌生人的脸注视的时间会更长些。

◎ 5～7个月　在陌生人面前宝宝会出现较明显的严肃、紧张的神态。

◎ 7～9个月　有些宝宝面对陌生人会有苦恼、哭叫、回避等较强烈的情绪反应。

研究表明，并不是所有的宝宝都有认生表现，而且宝宝的认生有一个逐渐显现的过程。上述情况说明，宝宝起初并不认生，宝宝的认生更多的是在后天环境的影响下逐渐发展起来的。

性格内向的宝宝比外向的宝宝更容易认生，体弱多病、接触人少的宝宝比体格健壮、家庭成员多的宝宝容易认生，环境刺激贫乏较之环境刺激丰富的宝宝容易认生，过分依恋母亲较之母子依恋正常及依恋程度较低的宝宝更容易认生。有的宝宝则只对具有某种特征的人，如戴眼镜或戴帽子的人，表现出害怕的反应。这可能是由于宝宝受到过具有这种特征的人的强制或恐吓的缘故。

宝宝认生怎么办

认生对宝宝的成长不利，主要表现在儿童的智力发展及交往能力的发展方面。那么，怎样帮助宝宝顺利地渡过这一“认生”阶段呢？

◎ 出生后3～4个月以内的宝宝不会认生，父母要抓住这一时间段，多带宝宝到更广阔的生活天地活动，接受丰富多彩的刺激，特别要让宝宝接触各式各样的人群，熟悉男女老少的各种面孔，尽量多地接受他们的引逗与交往。对安静内向的宝宝更要有意创造各种与人接触的条件与环境。这一阶段的训练，是宝宝以后是否会认生的关键。

◎ 对3～4个月已经有了认生反应的宝宝，既不要避免让他们与陌生人接触，也不要强制或逼迫他们与陌生人交往，这都会适得其反。要给他们一个慢慢适应陌生环境及陌生人的过程。经常带宝宝到亲朋好友家串门，或邀请他们来自己家作客。此时，父母可设计这样的场景：宝宝喜爱的玩具、糖果之类物品与陌生人同时出现，这样宝宝多次体验到的良好刺激总是伴随着陌生人，慢慢地对陌生人的恐惧感就会逐渐消失了。父母带宝宝参加集体活动前，要针对可能出现的局面，提前采取应对措施。比如事先带他去熟悉环境。集体活动中要避免众多陌生的面孔同时出现，或众多的陌生人七嘴八舌地一起与他打招呼或争抢着抱他、逗他。这样会使宝宝的不安全感、害怕或认生的程度大大降低。

◎ 到了2～3岁仍然认生和性格孤僻的宝宝，父母不要当着宝宝的面经常明确地提出他认生的缺点，以避免强化这一点而增加宝宝的心理压力。可以先多带宝宝在室外活动，如常带宝宝到儿童游乐场与其他小朋友一起排队滑滑梯、荡秋千、攀登障碍物、做游戏等。当宝宝能够自然地回答陌生人问话或有礼貌地呼叫陌生人时，家长应及时给予宝宝奖励或称赞。

宝宝怕黑怎么办

怕黑是宝宝普遍存在的问题。轻度怕黑是正常的，但如过分怕黑，甚至惧怕黑夜，将影响宝宝的性格发展。宝宝怕黑不是天生的，基本发生在3岁以后，是宝宝开始初步接触社会并渐渐懂事后才出现的。宝宝怕黑，影视节目造成的影响最大，再者是家长的吓唬，也有因胆小、娇气和孤独造成的。由此可见，外界的环境及家长的言行是造成宝宝怕黑心理的主要因素。如何清除宝宝怕黑的心理呢？

●家长不要用一些不相干的事物吓唬宝宝

有的父母为了制止宝宝哭闹，经常用“黑房间里的老鼠专咬不听话的宝宝”、“再哭就把你关到黑房子里”等吓唬宝宝。这样，黑房子、老鼠、小虫等成了可怕的东西。由于怕黑，宝宝对与黑暗有联系的事物避而远之，更不用说去观察、接触和探求了。因此，吓唬在宝宝的教育中是不可取的。

●大人在宝宝面前不能有怕黑的言行

一些年轻的妈妈自己怕黑，带宝宝走夜路时显得紧张、焦虑不安。大人的这种不安情绪极易感染给宝宝，加剧宝宝怕黑的心理。在宝宝面前，父母应扮演勇敢的角色，如宝宝进入房间害怕时，父母可先打开灯进去，在宝宝面前对房子搜寻一番，告诉宝宝房间里夜晚和白天是一样安全的。平时，应告诉宝宝黑暗并不可怕，黑是因为我们的眼睛看不清外界的事物。父母要给宝宝更多的爱抚和关心，要创造条件有意识地锻炼宝宝，培养宝宝的信心，增强其安全感。

要有选择地引导宝宝观看影视作品

影视中的一些恐怖镜头，如伴随着黑夜出现的蒙面人、妖魔鬼怪等给宝宝造成了“黑暗可怕”的心理定势。有的宝宝从此开始怕黑，以为黑暗中总有许多吓人的东西，晚上不愿出门，不敢一个人呆在家里。因此，父母最好陪宝宝观看一些影视节目，对其中的恐怖镜头要正确的解释，及时地进行引导。

怎样对待“人来疯”的宝宝

“人来疯”的宝宝平时表现正常，但是有客人来时则像换了一个人似的，表现得异常兴奋而且不听劝告，给父母带来许多麻烦，使客人也很尴尬，弄得大家不欢而散。那么发生这种现象的原因是什么呢？

从客观上分析，由于宝宝的大脑皮质发育尚不完善，稍加刺激就容易兴奋，而宝宝又缺乏自我控制能力。特别是有的家庭不常来客，一有客人来对宝宝的刺激就更强烈。另外，宝宝有以自我为中心的特点，客人来了，父母只顾照顾客人而冷落了他，这时宝宝则会故意做些一反常态的举动吸引他人注意或表示不满。

从主观上分析，宝宝的行为习惯较差，不懂得应该怎样面对客人。而且感觉到有客人在，父母不会训斥自己，因此更加放肆。还有的宝宝则是表现欲较强，喜欢在众人面前表现又不会掌握分寸所造成的。

针对以上原因，父母可以试试下列方法。

◆ 行为训练法　经常带宝宝外出交往，学习待人接物的方法及礼貌行为。在家中，则要培养宝宝独立游戏、不纠缠大人、不妨碍大人做事的习惯。

◆ 暗示法　客人来后，可以向客人介绍一下宝宝的一些情况，稍加夸奖与鼓励，如“我家宝宝非常懂事，最会自己玩了”等。当宝宝仍按捺不住自己的兴奋时，大人可以继续暗示道：“客人阿姨最喜欢听话的宝宝，快去自己玩吧!”与此同时，可以用较严厉的目光或稍用力地拍宝宝的肩膀，暗示自己的不悦。

◆ 疏导法　可以取出宝宝最喜欢的玩具或图书，并把糖果点心拿些给他。对于表现欲较强的宝宝，客人来后，在时间条件允许的情况下，也可以让他在客人面前表演一些小节目，如唱首歌、背诵儿歌等。

◆ 游戏法　宝宝是非常喜欢游戏的，在游戏中宝宝很乐意遵守规则。因此，客人来后，可以安排宝宝做小招待员，以游戏的形式掌握表现的尺度。

◆ 奖惩法　客人离开后，可以和宝宝认真谈谈他刚才的表现，好的或知道做错的，应及时给予奖励，差的要批评或取消本来要带他去公园的约定等，给他一个深刻的教训。

如何帮助宝宝克服胆怯和恐惧心理

宝宝生来惧怕的只有两样东西：一是怪而大的声音，二是身体失去支持而跌倒。其他的惧怕心理都是后来养成的。如父母经常吓唬宝宝“别哭，再哭大灰狼就来咬了”，或宝宝被小猫小狗咬过，或妈妈特别胆小，遇事大惊小怪等等，这些都会影响宝宝，使宝宝变得胆小怕事，容易处于惊恐之中。久而久之，宝宝就会形成退缩、冷漠、孤独、自卑等性格特点。

家长在日常生活中就要帮助宝宝克服恐惧，学做一个勇敢的人。具体可从以下几方面去做。

◎ 增强自信心是克服胆怯心理的重要方法。家长首先要理解并安慰受到惊吓的宝宝，不要强迫宝宝否认和掩饰害怕，更不要惩罚或嘲笑宝宝的胆小，要让他知道许多大人也都有过害怕的经历，这样可以使宝宝丢掉自卑感，增强自信心。

◎ 用比较温和的方式对待宝宝的错误，不要对宝宝恐吓讥讽或动辄责骂宝宝。很多情况下，宝宝胆小是被家长编的鬼、野猫、大灰狼之类的故事吓的。对宝宝动辄就严厉惩罚，往往也会引起宝宝的紧张和恐惧。因此，家长要采用适当的方法，耐心教育自己的宝宝。

◎ 要让宝宝做一些力所能及的事，比如送东西到邻居家，吃饭前摆放碗筷，锻炼宝宝的能力，使他们知道自己可以做许多的事情。

◎ 施以科学的教育。向宝宝讲清自然界哪些是可怕的，哪些是不可怕的，教会宝宝躲避危险的办法，这样也能丰富宝宝的生活经验，减少胆怯心理。如宝宝怕过马路，可带他参观交通岗亭，给他讲交通规则，让他知道什么时候过马路很安全，什么时候过马路很危险。宝宝怕小动物，可让宝宝多玩玩动物玩具，观看别人和小动物玩耍，然后让他接近一些温顺的小动物，并尝试抚摸它，最后让宝宝单独接触。

◎ 讲英雄的故事，鼓励宝宝向他们学习，家长也要在日常生活中为宝宝树立榜样。

◎ 创设一个愉快融洽的环境可以消除宝宝的紧张状态。如多让他与同龄人玩耍、游戏。客人来了，让他与客人沟通交流或表演节目等，并及时给予赞扬和鼓励。谨慎地替宝宝选择故事和电视节目，尽量避免宝宝见到强刺激的场面。

如果宝宝胆小已经成为一种比较固定的情绪状态，如夜惊、遗尿、做恶梦等，应立即请求心理卫生专家的帮助。

如何帮助宝宝克服夜间惊恐

俗话说，“日有所思，夜有所梦”。外来的刺激能引起梦，来自身体内部的刺激也能产生梦。一般来说，梦不会影响健康。但是，有些宝宝常会出现夜间惊恐的现象，遇到这种情况家长应该怎么办呢?

出现夜间惊恐现象的原因一般有以下情况：①宝宝在白天受到不良刺激，如恐怖的故事，大人的责备和打骂等等；②身体内部的刺激。

如有疾病，白天大脑无暇顾及的初起疾病的微弱信息在睡梦中能反映出来，如肺部疾病患者常梦到负重运行，胸部受压，被人扼住脖子而感到窒息等。做恶梦者往往心中恐惧，呼喊不出而突然惊醒。遇到这种情况，家长要及时带宝宝上医院检查。

如果不是身体方面的原因，家长大可不必惊慌，只要平时加以注意就可以改变这种情况。在宝宝睡觉前，不要讲惊险恐怖的故事，或用“狼来了”等谎话吓唬宝宝，保持宝宝安静愉快的情绪。此外，要养成宝宝良好的睡眠习惯，早睡早起。睡前不要吃得太饱，不要让宝宝喝太多的水。还要注意不让宝宝过度疲劳。这样，就能避免宝宝出现夜间惊恐的情况。

为什么不能让宝宝恋物成癖

随着教子模式的改变，过分强调早期教育的作用，父母往往忽略了亲情的互动式享受，有“恋物癖”的幼儿越来越多。说到底，这是一种轻微的孤独症的表现，这种幼儿往往表现出敏感退缩、抑郁脆弱的人格特征。这些幼儿容易出现在：①住房条件宽裕，自1岁起就开始在儿童卧室里单独入睡的家庭；②父母工作繁忙，宝宝由严肃的全职保姆一手带大的家庭；③虽然表面上注重宝宝的早期开发，但生活中却认为与宝宝嬉戏玩闹是浪费时间的家庭；④宝宝与动画相伴成长，与电视长期为伍的家庭。

既然宝宝的“恋物癖”是由安全感缺乏引起的，那么，预防或逐步戒除幼儿“恋物癖”也要从增强宝宝的安全感入手。家长可以尝试下列方法。

◎ 平时多拥抱宝宝，多拍抚他的背部和头顶，以解其“皮肤饥饿”。注意拥抱和拍抚不是奖赏，不要等宝宝画出一幅好画或弹出第一首钢琴曲时再去拥抱他，拥抱应该是日常的、无条件的，就算他做错了事感到不安，也可以拥抱他。经常性的拥抱能带给宝宝这样的暗示：父母在我身边，爱我，我很安全，失败了也不要紧。经常与父母拥抱的宝宝，绝不会将小包被或玩具熊视作他的“精神保险带”。

◎ 就算让宝宝独处一室，也要进行睡前安抚工作。所有的宝宝都在本能上畏惧噩梦和黑暗，所以硬性将宝宝与父母分开，是一件很难让宝宝接受的事。很多幼儿就是在入睡前的害怕不安中染上“恋物癖”的。如果父母在宝宝独睡前陪伴宝宝，唱催眠曲或读一两个美妙的童话，开亮一盏小灯，等宝宝睡着再离开，就比较容易使其对襁褓包被之类的物体“脱瘾”。

◎ 家长在选购幼儿用品时，要有意识地多备几个“迁移载体”，如备下两三条小包被、多种玩具，让宝宝有选择的空间，这样宝宝就不会轻易对其中的某样东西“专情”。

为什么不能强迫宝宝慷慨大方

年龄相仿的小儿在一起玩耍时，常常发生争抢玩具的情况，许多父母在看到这种场面后，常会觉得自己的宝宝不够慷慨大方，从而大声呵斥宝宝或者强迫自己的宝宝让出玩具，这会让宝宝感到很委屈。

如果宝宝只有2岁左右，父母遇到这种情况时就完全没有必要去制止。此时宝宝年龄太小，对其他人没有多少感情，还不能理解谦让、友爱等道德观念；同时，此年龄阶段宝宝的自我意识开始发展，不与他人一起分享自己的东西与他的年龄是十分相称的，父母不能因此而担心宝宝将成为一个霸道的人。如果宝宝经常发生争抢的场面，最好让他与年龄较大的宝宝一起玩，这对宝宝的心理健康发育是有帮助的。在碰到这种情况时，千万不能去指责宝宝，否则他会误解为父母不爱他了，因而变得更加肆无忌惮。

随着年龄的增长，宝宝心理发育逐渐成熟，学会并喜欢和其他小朋友分享快乐时，才会渐渐大方起来。但是3岁以后的宝宝还是这么霸道的话，就需要父母加以正确的引导了。越是早发现，就越是容易纠正，等宝宝7～8岁才采取措施就很难再改变宝宝难与他人分享的性格特征。

宝宝爱扮鬼脸怎么办

生活中常常可以见到一些宝宝喜欢扮鬼脸，一天到晚没个正经样子，不是皱鼻子，就是挤眼睛，像个马戏团的小丑。随着年龄的增大，宝宝会逐渐成熟，幼时的一些鬼脸、洋相、小动作渐渐地被抛掉。但是，也有些幼儿虽然年龄在不断地增长，而这种小丑式的行为并没有改掉，反倒成了他们人格行为的一部分，这种现象在心理学上被称为“小丑般行为”。

对宝宝做鬼脸的行为，首先应分析他这种行为背后所隐藏的心理。

◎ 有的宝宝看到大人对自己很冷漠，很少注意到自己的存在，便想方设法地要吸引大人的注意力。因此，便采取了这种令人发笑的行为，以寻求他人的注意。

◎ 有的宝宝不小心做错了事，为了逃避父母的责罚，他们往往用这种古怪可笑的行为来转移家长的注意力。

◎ 有的宝宝也爱通过做一些鬼脸，挤眉弄眼儿来打破尴尬紧张的局面。

◎ 为了模仿别人的幽默也是其中的一种心理。

上面分析的四种原因，可以说是宝宝做鬼脸、出洋相行为中比较常见的四种心理。父母要改掉宝宝的这种行为，应分析宝宝出现这种行为的动机，以帮助他们戒掉这种不好的行为。

要减少宝宝做鬼脸、滑稽逗趣的行为，最为有效的办法是教给宝宝真正的幽默。一些高雅的幽默电影、幽默的故事都是宝宝学习幽默、体会幽默的极好教材。父母可以和宝宝一起观看或阅读这方面的幽默电影、幽默故事，最好能边看边给宝宝做出分析，使宝宝认识到小丑行为并不等于幽默。如果宝宝认识到自己的行为并不美时，就会自动放弃那些让人看了不舒服的行为。

宝宝说谎怎么办

宝宝说谎的原因常见有以下情况。

◎ 宝宝3～4岁时正好处于“自我中心”期，容易出现一些“说谎”行为。例如，宝宝对小朋友说：“我有一只恐龙。”其实他并没有这样的玩具，只是他想要罢了，如果这样的事多了，父母难免要担心宝宝会染上说谎的毛病。3～4岁的宝宝正处在发展想像力阶段，他们有时候分不清想像的事与现实的事，不免将想像与真实相混淆，这就出现了“说谎”的现象。这种说谎，是家长容易误解的。父母应该帮助宝宝渡过这一真假难辨的阶段，而不应把这种“谎言”当作问题。

◎ 导致宝宝说谎的另一种情况是：他发现一嚷头疼、肚子疼，家长就不让他去幼儿园而待在家中玩，如此，他就会寻找机会谎称有病，如果一次、两次家长都未发现，那么宝宝也会尝到一点“说谎”的甜头，于是说谎的本领就会越来越大。这种情况是需要父母注意的。

◎ 此外，有些父母不知不觉中，会成为宝宝说谎的启蒙人。例如，家里来了不受欢迎的客人，妈妈会让宝宝去说：“我妈妈不在家。”

怎样对待宝宝“说谎”的现象呢?

◆ 如果宝宝的“说谎”是由于幻想引起的，对此种情况，父母不要轻易给宝宝贴上“撒谎”的标签，以免把事情严重化，影响自己对待宝宝的态度以及宝宝的自我定位。而“说谎”的情况会随着宝宝的年龄增长而渐渐改善。

◆ 家长要为宝宝树立榜样，耐心为宝宝讲道理。比如宝宝一再要吃糖的时候，父母可以告诫宝宝糖吃多了要长蛀牙，而不是告诉宝宝说糖没有了。为了达到暂时的某种目的而欺骗宝宝，不仅使宝宝对父母不信任，还教会了宝宝撒谎。对宝宝许下的诺言要及时兑现，父母应做到言而有信，偶然忘记或无法兑现也应该及时向宝宝道歉并说明原因，否则宝宝以为说谎是一件很平常的事情，很容易使宝宝养成说谎的习惯。

◆ 发现宝宝说谎时，父母不要急躁，更不能盛怒之下斥责、打骂，也不要像检察官一样审问宝宝，否则会使宝宝出于自卫而不断地撒谎。父母不必责备宝宝撒谎，而应让宝宝了解没有说谎的必要。当宝宝讲出真话的时候，父母要予以肯定，并且原谅宝宝的过失，还要告诉宝宝说谎为什么不对，跟宝宝讲明道理。只有这样，宝宝才可能消除说谎的根源。

宝宝爱发怪声怎么办

宝宝在日常生活中爱发怪声，原因大致有如下几种。

◎ 在居住区域常常出现一些车辆的特殊呼啸声，某些动画片中的怪声怪调，使宝宝在平时的模仿中养成了爱发怪声的习惯。

◎ 因安全事故引起的轻微脑震荡的宝宝，由于大脑机制损伤，失控时会发出怪声和抽动等症状。

◎ 宝宝缺乏维生素B_1，常有烦躁不安、哭闹、声音嘶哑及发出怪声等现象。

探究了宝宝爱发怪声的原因以后，父母应采取相应的处理措施。

◆ 对环境因素造成的，父母要向宝宝说明这些声音是由机器发出的呼叫声，而人的声音是由喉头和声带发出的，如果经常模仿这种声音，必将损坏声带，长大后就没有动听宏亮的嗓音了。至于动画片中怪声怪调的配音，因为配音演员有较高的声学知识，他们的声音是靠调整气息发出的，而不是硬卡喉头发出，他们不会损坏声带。

◆ 对因生理原因引起的，父母应尽早带宝宝到医院进行检查，如脑电图有异常的要治疗，还要避免外界不良刺激。在爱护和鼓励中消除宝宝对病症的恐惧。

◆ 至于维生素B_1缺乏症引起的，父母要定期到医院检查，让宝宝服维生素B_1即可见疗效。

宝宝不合群怎么办

宝宝满周岁以后，常常爱一个人玩耍。有时和其他宝宝聚在一起，交往也是短暂的，往往接触一下，又很快各玩各的。心理学家发现，约有70％的3岁小儿都喜欢个人游戏，这是幼儿独立性发展的结果。幼儿不爱合群是自我意识能力发展的一种反映。然而，幼儿缺乏交往，容易产生孤独、执拗、任性等不良心理，对智力与情感的健康发展也很不利。因而，教导宝宝喜欢交往，使他们愿意参加群体活动，是父母的责任。

◎ 父母应注意平时带领宝宝到儿童娱乐场所玩耍，让他们在幼儿之间团结友爱、喜悦欢乐的气氛中感受交往的有趣和温暖。

◎ 父母更要鼓励宝宝经常与邻居小朋友一起嬉戏，和小朋友共享玩具，还可引导宝宝玩一些集体游戏，比如“拔萝卜”、“扔皮球”等等，在他们幼小的心灵中埋下“合群”的种子，体会配合行动的力量。

◎ 父母应把适龄宝宝送进托儿所或幼儿园，这对培养他们的集体意识是大有益处的。

宝宝会有心理压力吗

对宝宝来说，如果遇到家人或者自己生病了、刚刚入园尤其是上全托幼儿园、搬家、父母离婚、突发事件等等，这些都可能会给宝宝造成一定的心理压力。如果父母本身情绪不稳定、易暴易怒，宝宝做错了事就会挨骂，做对了父母也不表示赞同，这样宝宝会感到无所适从，处于压力之下。还有的父母事事要求完美，对宝宝要求严厉，也容易给宝宝造成心理压力。

宝宝内心焦虑、压力大，且无法疏导宣泄，就会以各种不同的症状表现出来：①有的宝宝会哭闹，变得不讲道理，常常纠缠着大人不放；②有的宝宝会情绪低落，行为退缩，无精打采；③有的宝宝会睡眠不稳，夜间从睡梦中突然惊醒甚至坐起；④有的宝宝会出现行为问题：爱说假话，爱打人，故意损坏东西等；⑤有的宝宝会出现注意力不能集中，爱忘事，爱胡思乱想，说话含糊不着边际等状况；⑥有的宝宝还会出现腹痛、头痛、心跳加速、口干、手颤抖、不断眨眼、肌肉抽搐等生理反应。

当宝宝出现这些不良状况时，父母可能会认为是宝宝在调皮捣蛋，甚至用强制性的方式制止他，这就容易疏忽宝宝的心理状况，对宝宝的心理发展造成不良影响。因此，家长应从小训练宝宝应对压力的能力。

◎ 让宝宝轻松地平躺在地毯或床上，闭上眼睛，还可以放一点背景音乐，然后站在宝宝的上方，轻轻地抬高宝宝的双手，上下左右摇荡，再轻轻抬高宝宝的双脚，上下左右摇荡。对大一点的宝宝，可以同时要求他心里默想自己开心的事情，就这样上下左右摇荡，可以使宝宝的肌肉放松，情绪紧张自然也会渐渐缓解。

◎ 如果宝宝一有压力就紧张得大哭大叫，父母可以带他出去散步，看看天上变幻的云朵，把他的注意力转到周围世界的开阔与美好上去。或者与宝宝一起坐下来找本书看，在亲子共读中，让他的紧张情绪得到舒缓。

◎ 一旦宝宝感受到压力，父母一定要设法让他知道：他不是无助的，也并不孤单。

这种心理暗示对宝宝而言很重要。可以紧紧地拥抱他，在他耳边讲几句悄悄话，让他感受到父母的爱正包围着他。

◎ 如果宝宝差不多满3岁了，已具备了一定的想象能力，父母可以告诉他想象自己是一只身上沾满水滴的小花狗，让他轻轻地摇呀摆呀，全身甩一甩，想象身上所有的水滴都被甩到不同的方向，就像压力被甩掉了一样。

宝宝爱吃手指怎么办

宝宝长到2～3个月时正处于口的敏感期，这个时期的很多宝宝喜欢含着妈妈的乳头或是咬着小手睡觉。有个东西放在嘴里对他们来说会多些安全感，而一旦吸吮、舔啃的需要得不到满足，就会让他不安，并产生暴躁、抑郁的不良情绪。在宝宝吃手的活动中还包含了人类性快感需要的自然反映。这里的性快感只是一种近似于愉悦体验的情绪，吃手可以消除宝宝的不安、烦躁、紧张，具有镇静作用。强制性的让宝宝停止吃手，会使得宝宝产生逆反心理或是心理上的阴影。在这个时期，若宝宝的行为受到强制约束，口的敏感期没有得到正确对待，当他长大后将更易形成具攻击力的性格。男孩易具有暴力倾向，女孩则会更爱说闲话，讽刺挖苦人。

2岁以前的宝宝有吃手的行为，父母不用特别担心，没有必要去阻止它。吃手是宝宝成长过程中正常的发展阶段和心理需求。大部分是一种一贯性的行为，长大后也不大会养成吃手的习惯。父母要做的只是经常帮宝宝洗手，保持宝宝的手部卫生，以防细菌入侵引起宝宝的胃肠道感染。

2岁以上的宝宝在压力过大或缺乏安全感时，也可能会通过吃手指这一动作来降低焦虑，放松心情。久而久之，吃手指就成了习惯。其次，教育方式不当是宝宝总也改不掉吃手指的原因。父母看见宝宝吃手指时，心里就很着急，马上严厉斥责，甚至动手打宝宝。父母没有想到，这样做会使宝宝更加紧张和焦虑，甚至与父母产生对抗情绪，毛病就更难改了。

父母面对宝宝吃手指的习惯可采取的方法有以下几点。

◎ 关注与爱　有时候宝宝吃手指是为了引起父母的注意，因为他们很少能得到父母的关注。因此父母应检查一下自身，平时对宝宝的关注是否足够？是否只有宝宝有了不良行为时，才注意到他的存在？

◎ 占用双手　父母可以想出各种办法来占用宝宝的双手，让宝宝去做需要双手完成的事情或者游戏，这样宝宝吃手指的时间就会逐步减少，而且这个习惯有可能逐渐消失。

◎ 适当鼓励　如果宝宝能在规定的时间里没有吃手指，就给予奖励。刚开始宝宝坚持的时间要短，约10分钟，然后逐渐延长时间，直到宝宝不再吃手指。使用这种方法最好在专业人员的指导下进行。

◎ 寻求专业帮助　如果宝宝因吃手指的习惯不改，已经严重影响了宝宝的生活、学习、人际交往，父母就需要向专业人员求助，以达到共同帮助宝宝纠正的目的。

宝宝经常尿床怎么办

年龄不同，宝宝尿床的原因亦不同。

◎ 宝宝在2岁左右时，虽然白天可以控制排尿，但是夜间仍可能有无意识的排尿，这是一种正常生理现象，不需要治疗，随着宝宝的成长就能够主动控制夜间排尿了。

◎ 3岁以后的宝宝白天不能控制排尿或夜晚不能从睡眠中醒来而自觉排尿，称为原发性遗尿，除先天性或后天性疾病引起的尿失禁外。遗尿症中70％～90％是原发性遗尿。这类宝宝往往是从小没有训练好控制排尿的习惯。

◎ 如果宝宝2～3岁时已经能够控制排尿，但是4～5岁时夜间又开始尿床，每周至少出现2次，并连续3个月以上，临床上称为“继发性遗尿症”。此病男孩比女孩多见。宝宝这种异常行为一方面是由某些疾病引起，如泌尿系统疾病或全身疾病引起全身虚弱造成功能失调，当原发病好转，全身情况改善，遗尿也会消失。另一种情况是长期精神刺激或突发事件造成宝宝紧张焦虑、惶恐不安、怕黑、怕冷等心理因素导致改变排尿习惯而遗尿。

宝宝尿床不仅需要生理上的治疗，更需要心理上的辅导，否则宝宝会产生其他的心理和行为上的异常，如孤独、羞愧、胆怯、焦虑、叛逆或自卑、注意力不集中、害怕社交活动，造成宝宝性格上的缺陷以及智商的降低或智力水平提高减慢。因此除了给宝宝进行治疗外，家长要理解宝宝尿床不是故意的一种行为，教育宝宝要适度，既不能置之不理也不能过度刺激宝宝，否则会强化宝宝尿床的行为，同时需要保护宝宝的自尊心。要做好尿床的预防措施，随时提前叫醒宝宝起床小便，养成良好的条件反射。同时，父母可以尝试以下措施，会有助于减轻宝宝的心理压力。

◆ 为宝宝创造一个和谐的家庭环境。父母要避免过多干预宝宝的活动、惩罚宝宝，避免让宝宝看一些暴力或惊悚的电视节目，使宝宝的心情保持稳定。

◆ 宝宝睡觉之前，尽量少给他吃一些流质的食物，并督促宝宝在上床睡觉之前去小便，使宝宝能够逐渐养成自己控制小便的好习惯。如果父母与宝宝同睡，父母也可以估计宝宝的情况，在夜里适时把宝宝叫醒小便。

◆ 对宝宝的尿床行为尽量淡化，不要刻意去强调，例如在宝宝睡觉前说：“今天不要再尿床了！”其实，这样反而可能导致宝宝尿床。

另外，一些大的精神刺激也容易导致宝宝出现夜晚尿频，所以父母应冷静对待，适当处理。如果宝宝的情况一直比较严重，这就要求助心理医生，借助心理学的方法来治疗。

宝宝拒绝长大怎么办

父母会有这样的体会，一向聪明独立的大宝宝某段时间突然变成了胆小黏人的小宝宝。这是为什么呢？别担心，这是因为他走进了“行为能力倒退期”。对于大多数宝宝而言，忽然退回到小时候的行为状态，并不是宝宝真的失去了这些行为能力，他们只是想获得父母的帮助，想像以前那样依赖父母。在他们的心里，现在的生活充满了挫败感，他们适应不了生活中的变化，承担着很大的心理压力。因此，宝宝选择退回到更小时候的行为状态，来逃避现实，减缓内心的压力。此种情况下，父母要认真对待。

◎ 面对宝宝的变化，父母如果惊慌失措，那么也会影响宝宝的情绪，使宝宝更加没有安全感。父母首先要做的就是从容面对，让宝宝感觉到自己仍然完全可以依赖爸爸妈妈。要注意的是，在他还没有拥有长大的自主愿望时，一味地强迫他成长，反而会令他倒退，挫伤他的自信心。

◎ 当宝宝出现行为倒退时，爸爸妈妈可以给宝宝一定的帮助，但也要避免大包大揽。可以通过一些小方法来帮助宝宝重建自信心。如宝宝要求妈妈帮忙穿衣服时，妈妈可以提议和宝宝分工合作，宝宝穿一只裤腿，妈妈穿一只。当宝宝要求爸爸帮忙上厕所时，爸爸可以建议他，如果宝宝自己上厕所的话，爸爸可以陪他玩游戏。在这些日常生活的小事中，父母多给宝宝一些鼓励和认可，多给宝宝一些锻炼的机会，就会逐步地让宝宝重拾自信心。让宝宝相信自己有能力面对现实，不再需要逃避。

◎ 同时，父母也要多和宝宝交流，打消他对长大的顾虑，并告诉他长大的好处，宝宝就不再畏惧长大。如告诉宝宝长大了可以自己选择喜欢的衣服，可以和爸爸妈妈一起去商场购买喜欢的玩具，可以看动画片等等。宝宝自己会做出选择，还是长大好。

宝宝好生气怎么办

有的宝宝非常爱生气。有时因为没有尽早去幼儿园接他就生气，回家吃饭不合口味摔碗，自己画不好画撕本子，父母夸别的宝宝聪明懂事他也半天不理人，有时能为芝麻大点的小事闹翻天。

面对宝宝爱生气的情况，父母应该了解生气是人情绪的一种正常发泄，是任何人都免不了的。而引起宝宝生气的原因很多，包括挫折、担心、孤独、等待、失败、闹矛盾、受批评、缺乏自信、要求得不到满足等等。由于宝宝的自我控制力差，常常生气的程度和问题的严重性不成正比，往往为一点小事大闹别扭，有的甚至伴有攻击性行为。这种情况，不但不利于宝宝良好性格的发展，也不利于宝宝长大后人际关系的处理。因此，父母应引起重视。

◎ 父母不要在宝宝生气时不停地训斥，尤其不能“翻旧账”，而应该正面引导他，如表扬宝宝好的行为，以转移宝宝的注意力，使宝宝产生好的情绪。宝宝生气时父母要主动亲近他，亲人的抚摸与搂抱会使他感受到爱的温暖，宝宝的情绪常常就会平静下来。父母这时可以开点玩笑逗乐宝宝，使他转怒为喜。父母还可以通过游戏、劳动及体育活动引导宝宝发泄不良情绪，父母可参与宝宝的活动，在宝宝渐渐忘记不愉快后，跟他讲道理，教育宝宝学会控制自己的情绪。

◎ 宝宝情绪平静下来后，父母应与他分析导致生气的原因，教育宝宝要学会控制自己的情绪，告诉他好宝宝是不能为所欲为、随便发脾气的，伤害别人就不好了。还可以给宝宝讲一些榜样的故事，教育宝宝要有修养，有幽默感，有宽阔的胸怀。

◎ 父母要善于控制自己的情绪，不要轻易动怒、生气，因为父母是宝宝的第一任老师，身教重于言教。

宝宝偏食怎么办

偏食是指宝宝不喜欢或不吃某一食物或某些食物的现象，是一种不良的进食习惯。一般来说，宝宝在1岁以前没有偏食现象，这时他们还不会挑选食品，抓到什么都往嘴里塞，所以说，宝宝偏食是后天养成的。造成宝宝偏食的原因大致有以下几种情况。

◎ 父母自己不爱吃的菜往往就少买或不买，久而久之，影响宝宝对这种菜进食。

◎ 某些食物让宝宝产生一些不良的联想，影响宝宝的食欲。

◎ 随着味觉的分化，儿童对某些食品出现偏爱是难免的，但有的父母只希望宝宝多吃一点，明知这种偏爱不好，却投其所好迎合宝宝的择食倾向，买菜时首先考虑的是宝宝喜欢吃什么菜，这样便强化了宝宝的偏食倾向。

要纠正宝宝的偏食习惯，可采用以下心理矫治方法。

◆ 正强化法。宝宝的有些偏食习惯是由于不良强化形成的，可采取正强化的方法来改变。如宝宝不喜欢吃蔬菜，家长应为宝宝树立爱吃蔬菜的榜样，或当他偶尔吃一点蔬菜时立即进行鼓励、表扬。表扬可根据实际情况灵活选择，或实物，或精神，使宝宝逐步由被动过渡到自觉。

◆ 饥饿疗法。饥饿能使人提高对食物的需要，因此，用饥饿疗法治疗儿童偏食效果较好。当宝宝没有特别喜欢吃的菜而不肯吃饭时，大人就该“狠狠心”随他去。同时大人要在宝宝面前吃得津津有味，吃完后将饭菜收拾好，直到宝宝喊饿时，再将原饭菜端出来给他吃。还可以通过游戏、户外体育活动等加大宝宝的活动量，使其感到饥饿。

◆ 认知疗法。家长应向宝宝讲述偏食对生长发育的害处，描绘偏食引起的后果，让宝宝认识到偏食的危害，从而改正偏食的习惯。如看到弱的小花、小树、小动物，可编些动植物不全面接受阳光雨露导致营养不良、长不高、长不大、又伤心又后悔的故事给宝宝听。趁宝宝听得动情时，及时阐述偏食的害处，晓之以理，动之以情，直到宝宝高高兴兴地告别偏食习惯。

◆ 系统脱敏法。即让宝宝慢慢习惯某种不喜欢吃的食品味道。例如有的宝宝不喜欢喝牛奶，父母可将牛奶做成宝宝喜欢吃的冰淇淋，牛奶比例由少到多，再慢慢让宝宝吃些奶制品如奶油蛋糕，直到宝宝能喝牛奶。

◆ 创设良好的进餐氛围。饭菜要尽量色香味俱全，能唤起宝宝的食欲。创造机会让宝宝和小伙伴一起进餐，独生孩子们会觉得吃饭变得有意思。

以上方法可视具体情况结合起来使用，效果会更好。

宝宝怕看医生怎么办

宝宝害怕医生是一种很自然的现象，究其原因，一方面来自于医生那张严肃的脸，另一方面也来自于对针筒造成痛苦的恐惧感，来自父母在无意中曾经对宝宝的吓唬。宝宝一旦产生了恐惧心理，不仅会影响宝宝的身体康复，严重者甚至加重宝宝的病情。所以，父母应该积极地为减少宝宝的恐惧心理而努力。如果对宝宝强制性打针、吃药，那么宝宝会产生反抗情绪，加深对看医生的恐惧。因此，父母应采取科学的方法帮助宝宝克服恐惧心理。

◎ 父母要给宝宝树立一个勇敢的正面形象。如请医生表扬宝宝的勇敢，或给宝宝讲个令人敬佩的人物故事，使宝宝的思想感情和注意力沉浸在故事情节中，对这些形象产生学习和模仿的愿望，从而把看医生的可怕在心理上消除或降到从属地位，然后及时地把这些形象和宝宝联系起来，用鼓励的方法使模仿的要求变为宝宝自我表现的行为。在这种情况下，许多宝宝是能够接受医生治疗的，也可以忍受打针吃药的痛苦。

◎ 父母可以和宝宝玩“医生与患者”的游戏，让宝宝从游戏中了解医生在做什么、什么样的病必须看医生等，从而消除宝宝的恐惧感。让宝宝通过游戏明白，为了让病情好转，有些药会是苦的，打针当然也会痛，但这是治疗的必然过程。

◎ 父母可用激将和启发的方法，使宝宝自觉克服害怕心理。例如，对宝宝说：“医生有两种方法，对听话的宝宝，打针吃药就不痛苦。对不听话不愿意看医生的宝宝，打针就会疼，吃药就会苦。不疼的针、不苦的药是给勇敢的宝宝的。”宝宝具有强烈的好胜心理，这时一般都会配合医生治疗。要相信宝宝的勇气，鼓励宝宝勇敢地去面对。同时，也可以通过树立榜样，如赞扬医院中表现比较好的小朋友来激发宝宝的信心和勇气。

◎ 带宝宝去医院看病不必兴师动众，全家人前呼后拥会给宝宝造成心理压力，以为看医生是了不得的大事，增强宝宝的心理紧张感。

怎样表扬宝宝

人都是喜欢听好话的，喜欢被人称赞，而且从他人的评价中认识自己。而且很多情况下人受激励而改过是很容易的，受责罚而改过是比较难的。所以，在日常生活中，家长应关注宝宝的行为表现，恰当的表扬能够促进宝宝积极自我的形成，推动宝宝好行为的保持，融洽亲子之间的关系，使宝宝能够自立、自信、自主地发展。表扬的原则有以下几点。

◆ 实事求是　不要为了讨好宝宝乱表扬或过分夸大宝宝的优点与成绩，导致宝宝产生一种虚荣的心态，喜欢戴“高帽子”。

◆ 重本质　表扬不是重事情的结果，而是重宝宝为之所付出的努力。少讲宝宝怎样聪明、漂亮，多讲宝宝怎样动脑筋、怎样积极动手，从而能够激励宝宝采取积极行动。

◆ 具体化　对宝宝的表扬一定要具体明确，就事论事，说出好在哪儿，使宝宝能够有所遵循和发扬。不要笼统地对宝宝进行表扬，使宝宝不清楚究竟自己的哪一行为得到了鼓励，导致其产生错误的理解。

◆ 及时　由于宝宝的认知比较感性，注意力的集中时间比较短暂，所以父母对宝宝的表扬要及时，使宝宝能够得到及时强化，继续保持好的行为。

如何拒绝宝宝不合理的要求

生活中，有很多宝宝都会经常或这样或那样地提出一些要求，这些要求中有很多是不合理的，而如果父母生硬粗暴地拒绝，则会引得他大哭大闹，责骂和批评都没什么效果。这时该怎么办呢？如何让宝宝接受父母的拒绝？

◆ 对宝宝说悄悄话　宝宝不听话时，就凑到他耳边轻轻讲几句话，提醒他。有时这种悄悄话能收到意想不到的效果。例如，在朋友家，宝宝吵闹着要独吃某样食品，父母这时可以在他耳边说，宝宝很有礼貌，所以吃饭的时候喜欢与别人分享等。由于悄悄话宝宝能够专注地听，而且也给宝宝在众人面前留了面子，所以宝宝也很知趣。

◆ 讲道理　对于宝宝的要求，与其不分青红皂白一律拒绝，倒不如把理由和原因好好讲给他听，反而能使他安静下来。宝宝的情绪与大人的情绪是相互影响的，父母情绪平静可以使宝宝的情绪也逐渐平静下来。

◆ 转移注意力　将宝宝的注意力引向别处，如他表现得好，就及时表扬一番。宝宝都喜欢被表扬，刚刚还在又吵又闹，只要一表扬，马上就高兴得笑起来，欢欢喜喜地去干其他事。

当宝宝用哭来威胁父母时该怎么办

哭是人类表达情感的一种方式，宝宝的哭是表达需要的一种手段，是他与外界交流的一种信息符号，一般表示宝宝的需求没有得到满足或身体不适。父母及时正确地对宝宝的哭声作出反应，能增强宝宝的安全意识，帮助亲子之间进行情绪交流，使宝宝与父母之间形成安全的依恋关系，减少宝宝焦虑心理的产生，促进宝宝日后探索性的发展。但有些宝宝特别爱哭，动辄用哭要挟父母，以满足他的要求。此时，父母可以采取以下几种方法。

◎ 弄清宝宝哭的目的　如果是身体方面的不适，要及时送往医院诊治。若是需求方面的原因，只要宝宝要求合理，就答应宝宝的要求。如果不合理，就一定不要迁就，同时还要告诉他不能的理由是什么。

◎ 安慰宝宝的情绪　对宝宝的哭可以采用询问、帮助、安慰、注意力转移、说理等方式使宝宝的情绪平静下来，并解决宝宝哭的原因。

◎ 采取冷处理　对于无理哭闹的宝宝，采取冷处理暂时不理他也是一种解决问题的好办法。当然，父母离开宝宝距离不要太远，时间不要太长，但对宝宝来说，足以使他感到安全受到威胁。这时，他很容易忘掉刚才哭闹的目的。因为父母的离开造成了他心理上的主要矛盾，大大削弱了他刚才不达目的誓不罢休的决心，分散了对原有目标的注意力。但是要注意，大人间一定要“意见一致”，统一的行动才能有效制止宝宝的大哭大闹。

宝宝出现分离焦虑怎么办

分离焦虑是指婴幼儿因与亲人分离而引起的焦虑、不安或不愉快的情绪反应，又称离别焦虑。分离焦虑的出现，是宝宝离开母亲时出现的一种消极的情绪体验，与宝宝的不安全感有关。最初，这种焦虑的出现，是具有特殊的适应意义的。因为它促使宝宝去寻找他所亲近的人，或者发出信号，呼唤妈妈的出现。这是宝宝寻求安全的一种有效的方法。宝宝会用喊叫、哭闹来表达自己的焦虑，呼唤妈妈的出现。大部分宝宝从7、8个月起，就会明显表现出这种分离焦虑，有些宝宝甚至更早。如果宝宝在1岁之前出现父母离开时哭闹的现象，是很正常的一种现象，即显示了宝宝对父母或者其他照看者的安全依恋。但是宝宝2～3岁后，仍然表现出对与父母分离的敏感焦虑，则是一种情绪问题，这些宝宝表现出对父母过分依恋，例如不愿父母离开自己一会儿，不愿意离开家，害怕自己一个人睡觉，不愿去托儿所等，强制性分离甚至会造成宝宝身体上的不适，如头疼、恶心、呕吐等。

对宝宝分离性焦虑的处理，可以从父母教育态度、方式以及家庭气氛的改变来进行。

◎ 父母教育态度和方式。父母的精神健康状况和性格会对宝宝的焦虑产生较大的影响，如父母过分敏感、犹豫、多疑、缺乏自信等，就会将这些品质“传染”给宝宝。另外，父母对待宝宝时不能过分娇惯、溺爱，否则容易使宝宝产生依赖性。当然也不能对宝宝管教太严，要求过高，使宝宝压力过大。应鼓励宝宝的自信心和独立性。

◎ 家庭气氛应安全、宽松、和睦。父母之间和睦的气氛会给宝宝带来心理上的安全感，而紧张、担心的气氛会让宝宝对陌生的环境害怕，形成不良的心理品质。

◎ 对存在分离焦虑的宝宝，父母应该用亲切的语言对宝宝进行安慰、劝导，让宝宝逐渐学会习惯和亲人分开。父母切不可对宝宝的焦虑表现过分在意，特别是妈妈，如果面对宝宝的分离焦虑表现得比宝宝还要焦虑，对宝宝的分离焦虑会起到强化的作用。

如何帮助新入园的宝宝克服分离焦虑

分离焦虑可伴随着人的一生，大人可以很好地自我调节，但对3岁幼儿而言，刚入幼儿园，面对一个完全陌生的环境时，会本能地产生不安全感，被称为心理断乳期。这时，宝宝不愿或害怕去幼儿园，到学校后哭闹，不主动与其他小朋友交往。并且长时间焦虑，容易使宝宝抵抗力下降，容易感冒、发烧、肚子疼等，家长要予以重视。

◎ 家长要以愉悦的态度送宝宝去幼儿园，让宝宝了解到上幼儿园是一件值得庆贺的事。如果宝宝抱着你的脖子央求："妈妈，我不上幼儿园，我要回家"时，你首先不要掉眼泪，也不必许诺："妈妈第一个来接你。"宝宝对大人的态度是非常敏感的，你的不坚强会传染给他，更令他觉得上幼儿园是一件痛苦的事。宝宝不想去幼儿园时，家长不可轻易妥协，不必中途来看望，更不能三天打鱼两天晒网，反而延长了宝宝的适应期。

◎ 家长应多和老师联系，尽可能地让老师了解宝宝，比如宝宝的自理能力怎样，有哪些习惯、爱好，告诉老师宝宝的乳名等。老师心里有了底，就可以有针对性地照顾和教育宝宝，也可以帮助宝宝尽快地适应老师。

◎ 在家时，家长应多以欢快和好奇的语气和宝宝聊聊幼儿园的事，如了解宝宝的午餐、游戏、聊聊其他小朋友。如宝宝在幼儿园有好的表现，家长应及时给予鼓励和肯定，强化宝宝与幼儿园的积极联系。

通常情况下，宝宝只要一两个星期就可以适应幼儿园生活了。

此外，在入园之前有与父母分离经验的幼儿比较容易适应幼儿园的生活。性格外向、活泼大胆的宝宝则要比那些性格内向、安静胆小的宝宝更容易适应幼儿园的生活。因此，家长应提前做好宝宝入园的准备工作，培养宝宝独立、活泼的性格。

如何看待宝宝的破坏行为

宝宝的破坏行为不仅会造成物质上的浪费，还会影响宝宝的人格发展，导致宝宝在与人交往过程中出现攻击性，损害宝宝完整的自我意识，影响宝宝的社会学习。所以正确对待宝宝的破坏行为对父母来说是很重要的。

通常情况下，宝宝出现破坏行为的原因有以下几方面。

◎ 生理原因　由于宝宝大脑两半球发展不是很协调，手指的精细动作差，导致破坏性行为。

◎ 游戏　幼儿的道德评价体系还没有建立起来，所以对好坏的区分不是很明确，他们把破坏看作是游戏，从而获得乐趣。

◎ 探究　幼儿在好奇心的驱动下，对事物的探索也可能引起破坏行为。

◎ 故意 由于情绪的压抑或报复，发泄不满，宝宝出现破坏行为。

对此，父母首先应找出宝宝出现破坏行为的原因。对出于游戏心理的破坏行为，家长要耐心地引导和帮助宝宝认识自己的错误，提高其分辨是非的能力，并帮助他提高对其他有益游戏的兴趣。有的宝宝经常破坏东西是因为他们的好奇心所致，对于宝宝的这种破坏行为父母一定要保护，并引导他重新组装，培养宝宝的动手能力与创造精神。有的宝宝出现破坏行为是由于发泄自己的不满情绪，如受到父母的惩罚、身体不适等，父母要改变宝宝的这类破坏行为，要尽量满足宝宝的合理要求，对宝宝的不合理要求说明理由，讲清道理，切忌简单地压制。有的宝宝是为了引起父母的注意而破坏，对这种行为，父母要反思自己对宝宝的教养态度，要抽出一定的时间与宝宝一起玩，满足宝宝对亲情的需要。

其次，帮助宝宝提高自我克制的能力，即使有某些不愉快，也应忍耐承受，自我克制。

最后，教育宝宝善于与人相处，学会与人合作与竞争。

为什么要多给宝宝听音乐

幼儿各种能力的早期表现中音乐能力最为突出，最先萌芽。宝宝在音乐声中常表现出愉快的情绪，面呈喜色，倾听入神，有时还会手舞足蹈。在此期间给宝宝听一些柔和、优美、活泼的歌曲，以美的熏陶和享受促进其身体和心理的全面发展。幼儿只有在听觉上感知音乐的音响效果，并进行一定的形象思维时，才能感受和理解音乐所表达的思想感情，这时，音乐艺术也才能发挥它对人们的感染教育作用。这对培养宝宝的想象力和思维能力大有好处。

◎ 当宝宝能靠能坐的时候，家长可将他抱坐于膝前，握住双手，随音乐节奏挥动。

◎ 宝宝会靠着站立和走路以后，听到节奏明快、热烈的乐曲，他们会表现出激动的情绪，产生强烈的表演欲望，甚至跳起舞来。这对丰富宝宝的想像力、模仿力以及主动、活泼开朗的性格起到很大的促进作用。

◎ 半岁的宝宝已经拥有自己喜欢的音乐了，这就是为什么在宝宝哭的时候，只要一播放某首曲子，哭声就自动停止，有时还会合着音乐节拍挥动着小手，嘴里甚至还咿咿呀呀地合着歌声。这个时期正是培养宝宝对音乐兴趣的好时机。

宝宝不能表达他的思想，但这不代表他没有思想。家长对他的训练越早越好，如像

宝宝学习能力培养

BAO BAO XUE XI NENG LI PEI YANG

如何促进宝宝的语言发育

语言是表达思想、观念的心理过程。宝宝语言发育的重要时期是9～24个月，而良好的听力环境是促进语言发育的重要条件。

语言能力包括理解和表达两个方面。文字、声音、视觉信号及手势，都属语言范畴。小儿语言是随着大脑的发育和社会生活的丰富而发生发展的。小儿口语的发育，经过叫喊、咿呀发音和说话三个阶段，先理解而后表达，先学发音而后能用词和句。

◎ 在宝宝1~2个月时，家长就宜开始注重与其进行语言交流。如换尿布时，打开尿布后，先拍拍宝宝的腿，笑着说“伸伸腿，妈妈换尿布”；喂奶的时候说“宝宝饿了来吃奶”等。

◎ 3个月时，可对宝宝进行发音训练，如反复对宝宝发“呵、呵”的音。

◎ 6个月时，多给宝宝说些双音节的词，如“爸爸、妈妈”的音；指着有色彩的图片或物体告诉他“这是猫”，“这是小狗”，“这是你的奶瓶”。多给宝宝创造听、看、摸的机会，通过声音、形状、颜色的刺激，训练宝宝的视听能力和大脑反应的灵活性。在生活中宝宝经历的每一件事，都可向他讲述这是在做什么，如穿衣、睡觉、吃饭、关门等。

◎ 宝宝1岁以后开始模仿父母的发音，可教宝宝学小动物叫，为宝宝读儿歌、讲图画和故事。当宝宝出现准确的发音时，要及时给予表扬和肯定，使他感到愉快。

◎ 2岁以后的宝宝已经能同他人交谈，家长应教其识别身体各部位和周围环境中常见物体的名称，多给宝宝讲故事，进行对话交流，适当看看幼儿电视。在这些活动中接触到的语音与词汇将被联系储存在记忆中，数量逐渐增加，即为日后宝宝使用的词汇。同时，多与宝宝做游戏、到户外玩耍等也是扩展宝宝的视野、丰富其词汇的好机会。促进小儿的语言发展要循序渐进，讲故事时要有声有色，有吸引力、感染力，反复重复，强化记忆，才能使宝宝对语言学习产生兴趣。日常生活中，与宝宝接触较多的人如父母亲、保姆在促进宝宝语言发育方面起着重要作用，对宝宝不仅要多讲话，而且讲话的时候还要以亲切、爱抚的态度，生动、活泼、形象的描述，去激发宝宝的愉快情绪和丰富的感情，储存优美的语言。

语言训练的过程，也是培养宝宝良好素质的过程。语言表达和故事情节中，有爱心、友好、礼貌、合作的词汇，有理解人物和事物的道理，有自然、科学技术的奥秘，还有修正错误和鼓励等，这些对宝宝都起着潜移默化的作用。

念儿歌一样，把歌词念给他听；在固定的时间放音乐，让他拥有音乐时间段。音乐的选择以旋律轻快，简单好听的儿歌为宜。遇到歌曲里出现日常生活中常见的事物名称时，尽量把实物指给宝宝看，让他一边听音乐，一边感觉实物。这样宝宝会将音乐与实景留在记忆中。这个时期，主要是家长唱和说，宝宝则负责倾听。

◎ 1～2岁半的宝宝已经在牙牙学语了，他不仅能够跟随音乐舞动，还能偶尔哼唱出一两个词。虽然可能仅仅是单字，但对他也意义非凡，这是他真正参与到音乐中的一个新起点。这个时期可以给宝宝看配有音乐动画的碟片，让他从音乐中感受到色彩，绿色的草地，蓝色的天空，白色的云朵；也可以给宝宝讲音乐故事，有意识地和宝宝比划，有握手的情节就握手，有点头的情节就点点头，让宝宝在音乐里体会玩耍的乐趣。

◎ 2岁半～3岁宝宝的音乐世界就像打开了一扇大窗户，比起之前被动接受音乐，现在他可以自编自演了。也许有的家长认为，那不如从现在再开始培养宝宝的音乐感悟能力，这就错了，有了之前培养的坚实基础，宝宝才会进步得快。这个时期，宝宝能将听到的歌曲唱出来，如宝宝在和布娃娃玩时无意识的唱出相应的歌，哄娃娃睡觉时，会唱从妈妈那里学来的摇篮曲。

◎ 3～4岁的宝宝通过家长的早期准备工作，累积的音乐能力开始进入爆发期，大脑里储存的音乐片段数不胜教，也能更好地和家长配合音乐游戏，享受音乐带来的乐趣。上了幼儿园后，老师教的情景表演更让宝宝对音乐的理解上了一个台阶。幼儿园里常利用小型的音乐剧，把一首歌变成一次角色表演，家长也可以应用这种办法。在听一首新歌时，家长可以先让宝宝了解歌词，或者编一个相应的故事，当宝宝学会唱之后，让宝宝复述出来，这样反复加强他的画面感受。也可以鼓励宝宝独立理解歌词大意，当他的想法不正确时，不要急于去纠正，给宝宝自己理解音乐的空间。

研究表明，宝宝更容易在富有社交性的条件下学习。因此爸爸妈妈可以考虑将音乐变成宝宝的一种社交活动，让他通过简单的音乐技能，积极地与他人一起分享和交流音乐体验。

如何培养宝宝的自信心

让宝宝自由自在地活动、玩耍，是培养其自信心必不可少的条件。独立生活能力要从宝宝有独立行动的萌芽阶段开始培养。倘若家长在宝宝开始动手抓东西、翻身、坐、爬和站立、行走等动作发展过程中，未及时帮助和鼓励，或者怕宝宝跌倒而过分地保护或加以制止，甚至采用吓唬的办法等，日久就会造成宝宝的依赖性，并形成胆小、软

宝宝学习能力培养

BAO BAO XUE XI NENG LI PEI YANG

如何促进宝宝的语言发育

语言是表达思想、观念的心理过程。宝宝语言发育的重要时期是9～24个月，而良好的听力环境是促进语言发育的重要条件。

语言能力包括理解和表达两个方面。文字、声音、视觉信号及手势，都属语言范畴。小儿语言是随着大脑的发育和社会生活的丰富而发生发展的。小儿口语的发育，经过叫喊、咿呀发音和说话三个阶段，先理解而后表达，先学发音而后能用词和句。

◎ 在宝宝1~2个月时，家长就宜开始注重与其进行语言交流。如换尿布时，打开尿布后，先拍拍宝宝的腿，笑着说“伸伸腿，妈妈换尿布”；喂奶的时候说“宝宝饿了来吃奶”等。

◎ 3个月时，可对宝宝进行发音训练，如反复对宝宝发“呵、呵”的音。

◎ 6个月时，多给宝宝说些双音节的词，如“爸爸、妈妈”的音；指着有色彩的图片或物体告诉他“这是猫”，“这是小狗”，“这是你的奶瓶”。多给宝宝创造听、看、摸的机会，通过声音、形状、颜色的刺激，训练宝宝的视听能力和大脑反应的灵活性。在生活中宝宝经历的每一件事，都可向他讲述这是在做什么，如穿衣、睡觉、吃饭、关门等。

◎ 宝宝1岁以后开始模仿父母的发音，可教宝宝学小动物叫，为宝宝读儿歌、讲图画和故事。当宝宝出现准确的发音时，要及时给予表扬和肯定，使他感到愉快。

◎ 2岁以后的宝宝已经能同他人交谈，家长应教其识别身体各部位和周围环境中常见物体的名称，多给宝宝讲故事，进行对话交流，适当看看幼儿电视。在这些活动中接触到的语音与词汇将被联系储存在记忆中，数量逐渐增加，即为日后宝宝使用的词汇。同时，多与宝宝做游戏、到户外玩耍等也是扩展宝宝的视野、丰富其词汇的好机会。促进小儿的语言发展要循序渐进，讲故事时要有声有色，有吸引力、感染力，反复重复，强化记忆，才能使宝宝对语言学习产生兴趣。日常生活中，与宝宝接触较多的人如父母亲、保姆在促进宝宝语言发育方面起着重要作用，对宝宝不仅要多讲话，而且讲话的时候还要以亲切、爱抚的态度，生动、活泼、形象的描述，去激发宝宝的愉快情绪和丰富的感情，储存优美的语言。

语言训练的过程，也是培养宝宝良好素质的过程。语言表达和故事情节中，有爱心、友好、礼貌、合作的词汇，有理解人物和事物的道理，有自然、科学技术的奥秘，还有修正错误和鼓励等，这些对宝宝都起着潜移默化的作用。

为什么要多给宝宝听音乐

幼儿各种能力的早期表现中音乐能力最为突出，最先萌芽。宝宝在音乐声中常表现出愉快的情绪，面呈喜色，倾听入神，有时还会手舞足蹈。在此期间给宝宝听一些柔和、优美、活泼的歌曲，以美的熏陶和享受促进其身体和心理的全面发展。幼儿只有在听觉上感知音乐的音响效果，并进行一定的形象思维时，才能感受和理解音乐所表达的思想感情，这时，音乐艺术也才能发挥它对人们的感染教育作用。这对培养宝宝的想象力和思维能力大有好处。

◎ 当宝宝能靠能坐的时候，家长可将他抱坐于膝前，握住双手，随音乐节奏挥动。

◎ 宝宝会靠着站立和走路以后，听到节奏明快、热烈的乐曲，他们会表现出激动的情绪，产生强烈的表演欲望，甚至跳起舞来。这对丰富宝宝的想像力、模仿力以及主动、活泼开朗的性格起到很大的促进作用。

◎ 半岁的宝宝已经拥有自己喜欢的音乐了，这就是为什么在宝宝哭的时候，只要一播放某首曲子，哭声就自动停止，有时还会合着音乐节拍挥动着小手，嘴里甚至还咿咿呀呀地合着歌声。这个时期正是培养宝宝对音乐兴趣的好时机。

宝宝不能表达他的思想，但这不代表他没有思想。家长对他的训练越早越好，如像念儿歌一样，把歌词念给他听；在固定的时间放音乐，让他拥有音乐时间段。音乐的选择以旋律轻快，简单好听的儿歌为宜。遇到歌曲里出现日常生活中常见的事物名称时，尽量把实物指给宝宝看，让他一边听音乐，一边感觉实物。这样宝宝会将音乐与实景留在记忆中。这个时期，主要是家长唱和说，宝宝则负责倾听。

◎ 1～2岁半的宝宝已经在牙牙学语了，他不仅能够跟随音乐舞动，还能偶尔哼唱出一两个词。虽然可能仅仅是单字，但对他也意义非凡，这是他真正参与到音乐中的一个新起点。这个时期可以给宝宝看配有音乐动画的碟片，让他从音乐中感受到色彩，绿色的草地，蓝色的天空，白色的云朵；也可以给宝宝讲音乐故事，有意识地和宝宝比划，有握手的情节就握手，有点头的情节就点点头，让宝宝在音乐里体会玩耍的乐趣。

◎ 2岁半～3岁宝宝的音乐世界就像打开了一扇大窗户，比起之前被动接受音乐，现在他可以自编自演了。也许有的家长认为，那不如从现在再开始培养宝宝的音乐感悟能力，这就错了，有了之前培养的坚实基础，宝宝才会进步得快。这个时期，宝宝能将听到的歌曲唱出来，如宝宝在和布娃娃玩时无意识的唱出相应的歌，哄娃娃睡觉时，会唱从妈妈那里学来的摇篮曲。

◎ 3～4岁的宝宝通过家长的早期准备工作，累积的音乐能力开始进入爆发期，大脑里储存的音乐片段数不胜教，也能更好地和家长配合音乐游戏，享受音乐带来的乐趣。上了幼儿园后，老师教的情景表演更让宝宝对音乐的理解上了一个台阶。幼儿园里常利用小型的音乐剧，把一首歌变成一次角色表演，家长也可以应用这种办法。在听一首新歌时，家长可以先让宝宝了解歌词，或者编一个相应的故事，当宝宝学会唱之后，让宝宝复述出来，这样反复加强他的画面感受。也可以鼓励宝宝独立理解歌词大意，当他的想法不正确时，不要急于去纠正，给宝宝自己理解音乐的空间。

研究表明，宝宝更容易在富有社交性的条件下学习。因此爸爸妈妈可以考虑将音乐变成宝宝的一种社交活动，让他通过简单的音乐技能，积极地与他人一起分享和交流音乐体验。

如何培养宝宝的自信心

让宝宝自由自在地活动、玩耍，是培养其自信心必不可少的条件。独立生活能力要从宝宝有独立行动的萌芽阶段开始培养。倘若家长在宝宝开始动手抓东西、翻身、坐、爬和站立、行走等动作发展过程中，未及时帮助和鼓励，或者怕宝宝跌倒而过分地保护或加以制止，甚至采用吓唬的办法等，日久就会造成宝宝的依赖性，并形成胆小、软弱、缺乏进取心的性格。因此，父母应了解宝宝的生理发育进程，在每个适当的时间给予相应的诱导、训练和鼓励。

◎ 在安全的条件下让宝宝伸手去抓、翻滚、爬、走，从跌跌撞撞中站起来。

◎ 宝宝摔倒了，家长要鼓励宝宝不要哭，自己爬起来重新再走。

◎ 当宝宝会玩滑梯、打秋千以后，家长应鼓励他自己往下滑，自己上秋千。

◎ 在日常生活中宝宝需要的东西，自己能取到的，家长应尽量让他自己动手，掉到地上的东西，尽量让他自己捡起来。

◎ 家长应训练适龄宝宝拿勺、拿瓶，自己喝水、吃饭等，那怕糊满脸、糊到衣服上。一旦宝宝通过自己的努力完成一项活动之后就会产生自信心和成功感。幼年时期萌芽的自信心和形成的独立生活能力，将影响其一生对生活和事业成功的追求。

注意力对宝宝有什么重要性

注意是人们都熟悉的心理现象，是指人们的心理活动指向并集中于一定的事物。注意包括两个重要的方面，一个是指向，一个是集中。所谓“指向”，是说心理活动在某一瞬间内有选择地反映一定的事物；所谓“集中”，是指被指向的事物在人脑中能得到最清晰、最完全的反映。当幼儿专心听故事、看动画片时，对故事、动画片的内容感知得非常清楚，而对周围其他的声音、活动听而不闻，视而不见，这就是注意的表现。

注意和人们的认识过程是紧密相连的，它总是与感知、记忆、想象、思维等密切伴随，而不是孤立地单独存在。当人们注意的时候，他总是在注意观察什么、倾听什么、记忆什么，或者注意想象、思考什么。可以说，注意是人们心理活动的积极状态，脱离各种认识过程的单纯注意是不存在的，脱离注意的各种认识过程也是无意义的。所以注意的发展对人的学习、工作具有非常重要的意义。离开了注意，人们的认识活动、学习、工作都不可能很好地进行。从各种名人传记中我们也可以看到，凡是有成就的人，都有一个共同的特点，就是在学习和工作时注意力高度集中。比如居里夫人，从小读书非常专心，就是其他人跟她开玩笑，故意发出各种使人不堪忍受的声音，也丝毫不能把她的注意力从书本上引开。我国数学家陈景润，一边走路，一边思考，连自己撞在树上了，还问是谁撞了他。这样的例子是不胜枚举的。

幼儿的注意力在其心理发展的过程中也是具有重要意义的。如果幼儿在游戏、作业、活动中，他要感知事物、思考问题，而注意力却不能集中在所要感知、思考的对象上，他肯定就什么也看不到，什么问题也得不到解决。

幼儿注意力的培养是件十分重要的事，它关系到幼儿智力的发展，影响幼儿学习或从事其他活动的效果，因此必须从小加以培养。

如何培养宝宝的注意力

培养宝宝的注意力应从以下几个方面入手。

◆ 提供安静的环境。宝宝独自游戏或学习时应给他提供一个安静的环境，以增进宝宝的专心度。此外，在孩子专注从事某项活动时，大人不宜随便打扰，应在告一段落时，再提出要求。

◆ 用静态的游戏延续注意力。指导宝宝多玩拼图、穿珠子等静态游戏。可以从简单的开始，让宝宝享受到成就感，以训练短时间的注意力，再慢慢加深游戏的难度和延长游戏的时间，以培养孩子的耐力，增进专心度。

◆ 从1分钟开始。宝宝只要保持1分钟的专注力，就予以称赞，再逐渐延长到一次5分钟、10分钟。赞赏和鼓励是宝宝进步的重要因素。

◆ 建立秩序感。为宝宝提供一个属于自己的角落，从学习物归原处、整理个人物品的过程中，逐渐建立秩序感。在日常生活作息上也要有规律，生活规范要建立。在执行过程中，家长要严格而不严厉。

◆加强宝宝意志力的锻炼，培养其形成有始有终地做好每一件事的良好习惯。让宝宝做些力所能及的事，在做事之前，父母应让宝宝懂得做事的目的，并引起其做事的兴趣；在做事过程中，如宝宝遇到困难，父母要教育提高其克服困难的能力，使他具有一定的责任感，这样宝宝在做事的时候注意力就会集中，去克服一些小的困难。久而久之，就能养成善始善终做完每一件事的良好习惯。完成一件事的时候，要及时进行鼓励评价，宝宝就会产生一种满足感、快乐感。

如何培养宝宝的观察力

婴幼儿注意力的范围小，时间短，也比较单一。他们只对自己感兴趣和需要的东西能集中精力。在观察事物方面，往往速度慢、范围狭窄，辨别能力低、不全面而肤浅。因此，家长应用形象生动、色彩鲜艳的物品和生动的语言去引起他们的注意，不断扩大他们的注意范围。只有在注意的基础上宝宝才会去观察。如宝宝只对猫或狗有兴趣，猫或狗最能集中他的注意力，就可以用与它们类似的动物如马、虎去引导；宝宝只对汽车有兴趣就可用飞机去引导；宝宝只对玩一种玩具有兴趣可陪同他玩多种玩具。家长可以利用"刺激异差"即色彩的饱和度、声音强弱、物体光泽度等差别度大的，去增加对宝宝的刺激，提高宝宝的辨别效果。宝宝喜欢听故事，家长讲故事时内容就应逐渐增加且多变换，如绘声绘色地讲出公鸡的骄傲、兔子的胆小以及这些动物在形象上的差异。应用各种方法引导宝宝去观察，日久就会养成其观察事物的习惯。

◆ 由于学龄前儿童观察能力不强，观察不能认真、细致，对事物的认识往往是笼统的、粗略的，对事物的印象也只能是表面、孤立零碎的。因此，在培养和提高幼儿的观察能力时，幼儿观察的全面性、精确性是不容忽视的。那么，怎样发展幼儿观察的全面性、精确性呢？

◆ 给幼儿提出明确的观察目的和任务。比如，在幼儿观察桃树之前，就先向幼儿说明："今天我们观察桃树，要仔细看看桃树的树干是什么样子，什么颜色的；它从哪儿开始分杈，树杈多不多；桃花是什么颜色，它有几个花瓣"等等，使幼儿对观察桃树的任务有一个比较具体、清楚的理解。目的、任务越明确，观察效果越好。

◆ 给幼儿以具体的观察指导。在幼儿观察时，可以用语言（比如谈话、提问等）提醒孩子在观察事物时，应该做到注意力集中、认真，不光要看得见那些色彩鲜艳、位置明显、对感观有强烈刺激性的部分，也要注意那些色彩不太鲜艳、位置较偏、体积较小、不太明显的细节部分；不仅要看到局部，还要看到整体。

尽可能使幼儿眼、耳、鼻、口、手等多个感官都参与到认识活动中。比如，认识黄瓜和西红柿时，可以不仅让幼儿用眼睛看，还可以让他们用手摸、用嘴尝；教幼儿认识菊花、水仙花时，不仅可以让幼儿看看、摸摸，还可以让幼儿闻闻，这样可使得幼儿对这些事物从形状、颜色、气味等各个方面都有个比较完整、准确的认识。

怎样培养宝宝观察的概括性

幼儿观察的概括性较差，他们常常是孤立地而不是联系地对事物进行观察，因而发现不了事物间的内在联系，也概括不出事物的主要特征。面对这种情况，父母应该怎样培养幼儿观察的概括性呢？

首先，要引导幼儿多观察自然。大自然是孩子最好的老师，既为孩子们提供了丰富的感性知识，也有助于促进幼儿观察概括能力的发展。春天，家长可以带孩子观察小草怎样变绿，小花怎样开花，到冬天可以带孩子再看看它们又怎样凋谢、枯黄，然后启发孩子想一想小草、小花的生长与季节气候间有什么关系。夏天，在下雨之前，可让孩子去观察蚂蚁怎样忙碌搬家，下雨后再带他去看天上出现的美丽彩虹，使其懂得下雨与蚂蚁搬家、彩虹出现间的联系。很多幼儿都是十分喜欢看星星的，但是也都是很少注意星空的变化的。其实，晚上的星星变幻无穷，四季的星空也不一样，家长可以围绕满天星斗，向孩子们讲解有关星星变化的奥秘。其他如日出日落、月缺月圆、云霜雨雷以及四季的更替变化等自然现象，都是用来培养锻炼幼儿观察的概括性的好材料。

其次，要引导幼儿多动手实验。比如，把两盆花分别放往向阳和背阴的地方，将两颗蒜分别放在有水和无水的盘子里，然后带幼儿观察它们生长变化的过程及其异同，使幼儿真实地体会到植物生长与阳光、水分之间的关系，这无疑比单纯用语言讲解效果要好得多。类似这样的实验很多，比如把树叶、铁片放在水里看它们的沉浮；做架风车看空气怎样使它转动；用水冻冰花了解气温和水、冰之间的相互关系；养几条小蝌蚪，观察它们怎样长腿、脱尾，最后变成小青蛙，诸如此类的实验家长都是可以指导幼儿动手做一做。这样不仅可以增强幼儿观察周围事物的兴趣，更主要的是能够帮助幼儿发现事物之间的内在联系，从而使幼儿概括事物主要特征的能力不断地得到锻炼和提高。

再次，要教给幼儿理解、概括观察对象及其相互关系的具体方法与步骤。在指导幼儿观察时，应该努力教幼儿把握以下五点。

◆ 仔细分辨图片、实物以及某一观察情景中的各主要物体或主要部分。

◆ 看清各主要物体或主要部分的外形特征、动作姿态。

◆ 确定各主要物体或主要部分间的相互关系。

◆ 进一步分析细节，如图画中的背景、陪衬物。

◆ 再次概括综合，理解事物各方面的联系，从而把握对象的主要内容，理解对象的主要意义。

想象力对宝宝有什么重要性

人们在认识世界和改造世界的过程中，不仅能直接感知事物，回忆经历过的事情，还能对头脑里保留的事物形象进行加工改造，创造出某种没有经历过的或现实生活中尚未存在，甚至不可能存在的事物形象。比如，幼儿在绘画“未来的汽车”中，画出了流动医院式巨型救护车、水陆两栖汽车、有垂直尾翼的高速喷气式汽车等多种结构和外型完全不同的新型汽车图形，所有这些汽车在现实中都是不存在的，是他把自己头脑中储存的多种汽车、飞机、轮船的形象综合加工组合的结果。这种对头脑中已有表象进行改组加工而产生新形象的心理过程就叫做想象。

想象和创造发明紧密相联，在人类认识世界、改造世界的过程中起着重要的作用。

爱因斯坦曾经说过："想象力比知识更重要，因为知识是有限的，而想象力概括着世界上的一切，推动着进步，并且是知识进化的源泉。"科学家的假设、工程师的设计、作家的人物塑造、画家舞蹈家的艺术造型等，哪一样都离不开想象。可以说，人类的创造性活动无一不是想象的结晶。因此，我们要注重发展幼儿的想象力。

想象在幼儿的学习、活动中也起着非常重要的作用。幼儿听故事、欣赏音乐、绘画、游戏，都需要展开想象的翅膀。如幼儿不能拿椅子当"火车"，拿纸片当"车票"，不会扮演"司机"、"售票员"、"乘客"等角色，就玩不成"开火车"的游戏。同样，欣赏音乐也要有想象的参与，如欣赏龟兔赛跑，听到轻松跳跃的旋律时，能想象出这是小兔在草地上轻快地蹦跳；听到低沉缓慢的旋律时，知道这是乌龟在移动着笨重的身躯，慢慢地向前爬行。幼儿只有借助于这些想象，才能体会出音乐旋律所表现的事物形象，在头脑中产生一幅幅生动的画面，从而较好地感受和欣赏音乐所表达的主题内容。

由此可见，幼儿想象力的培养，关系到幼儿创造性的发展，关系到幼儿新知识的学习。因此，在幼儿智力开发中，应该特别强调培养和发展想象力。

怎样培养宝宝想象的创造性

幼儿想象中的创造性较少，主要是再造想象。从心理的发展规律来看，再造想象是较低级的想象，创造想象才是较高级的想象，并与创造思维有密切的联系，是进行创造性活动所必需的。那么，应该怎样培养幼儿的想象力，使其更具有创造性呢?

◎ 激发幼儿的好奇心，使想象力始终保持活跃状态。幼儿对世界上的一切事物都感到十分新鲜，产生比较强烈的好奇心，有一种要发现世界奥秘的热情。心理学研究表明，幼儿的好奇心和创造力的发展是成正比的，好奇心强的幼儿，一般创造性也较强。

◎ 给幼儿充分的想象自由，培养他们敢想、多想的创新精神。一个唯唯诺诺、不敢想、不敢干，只会机械模仿，思想行动在固定框架内的孩子是很难有所创造的。只有那些敢想、多想、敢突破常规的孩子，长大后才能有所创造。因此，在日常生活中必须注意给幼儿以充分的想象自由，鼓励幼儿积极动脑，自由畅想，并且一旦当幼儿的想象表现出了新颖性、独创性时，就给以鼓励和表扬。

◎ 为幼儿提供驰骋想象的具体机会和条件，实际锻炼幼儿的创造性想象能力。例如，在游戏时可以由幼儿自己商议主题，选择角色，确定使用的玩具等等。

◎ 教给幼儿表达想象力的技能技巧。幼儿有了丰富的想象，但如果不具有相应的表达技能技巧，新形象只能停留在头脑中，而不能转化为实实在在的东西，这势必会影响到幼儿的自由想象，妨碍幼儿想象力、创造力的发展。因此，让幼儿掌握一定的技能技巧，也是发展幼儿想象力所不可缺少的。幼儿表达形象的技能技巧是多方面的，包括绘画、音乐表演、建筑结构、进行创造性游戏等等，幼儿掌握了这些技能才不至于使想象力受表现能力的限制。

怎样使宝宝想象内容丰富

想象是对已有表象加工改造而建立新形象的过程。想象中的新形象虽然不是曾经感知过的事物的简单再现，但它的原材料还是来自人们对客观事物的感知。因此，知识、经验是想象的源泉和基础。幼儿的想象内容是否丰富，决定于幼儿知识经验的丰富程度。充实幼儿知识，丰富幼儿表象的具体途径是多方面的，主要的有如下几种。

◎ 带幼儿参观游览当地的名胜古迹、公园、动物园、博物馆、纪念地，并讲述与之有关的传说、故事、人物等。

◎ 给幼儿看适宜的电视、电影、书籍、图片等。

◎ 假期带幼儿远足旅行，让幼儿认识祖国的名山大川、地理民俗，接触大自然和社会生活。

◎ 让幼儿多看、多听一些童话、神话、科学幻想故事等。

◎ 让幼儿做游戏，画写生，也是丰富其表象的两种好形式。

总之，要让幼儿多看、多听、多想、多做，扩大视野，丰富表象储备，为幼儿想象力的发展提供厚实的基础。

如何培养宝宝的创造力

创造力是一种人人都有可能具备的能力，幼儿的创造力则是在游戏中显露出来的。在自由游戏中，宝宝双手的灵巧性受到锻炼，因四肢运动与大脑思维之间的生理联系，而促使宝宝大脑最富创造性的区域得到开发。富有创造力的宝宝凡事都喜欢问个为什么，喜欢评论事物，喜欢尝试，思考变化多，反应迅速，不受已知信息的限制等。

家庭对幼儿创造力的培养有举足轻重的影响。家庭的民主气氛有利于宝宝发挥其创造力。家长在日常生活中，为了鼓励宝宝的创造精神，应该遵循这样一些相处的原则。

◆ 不要过多地关心宝宝是做对了还是做错了，特别是在宝宝做错的时候，只要他肯主动思考、主动实践，就应该受到肯定。

◆ 鼓励宝宝“随心所欲”，适度“放纵”。宝宝在玩耍的时候，最令人头疼的事情就是他们常常忍不住要“胡闹”。这种情况下，父母通常会对他们明令禁止，要求他们“好好地玩”、“乖乖地玩”，这其实就是要他们按照某种通常的、不变的规则来进行游戏。创造就是打破一切现成的规范，如果一个宝宝只会按通常的规则来玩耍，看起来非常听话，但又有多少创造性可言呢？

◆ 让宝宝有独处的机会。宝宝与父母、老师、同伴等人适当的“人际分离”也会对他们创造性的发展产生积极的影响，宝宝在自己“个人空间”里的表现总是富于个人独创性的。生活当中不难观察到这样的现象：喜欢独立玩耍与活动的宝宝通常都显得挺有“头脑”。父母过多参与宝宝的活动，会使这种活动带有较强的指导性，让宝宝感到压力而急于求成。父母应让宝宝自由发挥，充分发挥自己的天性与创造力。

宝宝思维发展有什么特点

幼儿思维的具体形象性是在婴儿思维的直觉行动性的基础上逐渐发展形成的。到4~5岁左右，具体形象性思维进一步迅速发展，愈来愈在幼儿思维中占有重要地位，成为思维的主要形式。因此幼儿往往根据物体的一些外部、表面、直观的特征来概括事物特征。

幼儿的判断、推理也是很形象的。他们常常按照事物表面的直观联系或者偶然的个别外部特点来进行判断、推理。例如，问幼儿皮球在斜面上为什么会滚落下来，他们一般会回答“皮球没脚，站不稳”或“皮球是圆的，它会滚”；看见老师给图书包书皮，他们会问：“是不是书也怕冷，也要穿衣服？”还有的幼儿听家长或老师讲要喝开水，不要喝生水，他马上就跑去往金鱼缸里倒开水。

幼儿的理解，多为直接理解。例如看图画时，幼儿能说出图画中最突出的个别人物，以及他们的外形特征、姿态、活动、位置关系等，但不能理解人物表情所反映的内心活动，更不能概括图画的主题。又如幼儿常常说“某某是好孩子”，“某某不是好孩子”，如问他什么是“好孩子”，他一般会回答“上课坐得好、手不乱动、眼睛看老师”，“不打架、不挤人”，却说不上比较抽象的品质，如守纪律、爱劳动、友爱谦让等。这些都反映了幼儿理解的表面直观性，他们容易理解事物及事物之间能直接感知到的外在特点和联系，但不易理解事物的本质以及事物之间比较内在和隐蔽的关系。

宝宝有抽象逻辑思维吗

幼儿思维的主要特点是具体形象性，具体形象思维是幼儿思维的主要方式，那么，幼儿有没有抽象逻辑思维呢？回答是肯定的。因为，在正确的教育下，幼儿随着生活范围的扩大和知识经验的丰富，特别是语言的发展，思维在具体形象的基础上进一步发展起来的，到6岁左右，抽象逻辑思维已比较明显。

幼儿抽象逻辑思维的萌芽、发展表现在以下两方面。

◆ 幼儿不但能广泛了解事物的现象，而且开始要求了解事物的原因、结果、本质及相互关系等。他们遇到什么事情都喜欢追根究底，问个为什么，比如："螃蟹为什么横着爬，人为什么直着走？""天上的星星为什么不会掉下来？""小蝌蚪为什么变成了青蛙？"……这些问题上至天文，下至地理，从生物到无生物，无所不含，充分反映了幼儿正在努力探索事物的内在奥秘和事物间的因果关系。

◆ 幼儿思维能力进一步发展，不仅能反映具体事物、事物的具体属性或可直接感知的表面联系，而且逐步能反映事物的内在本质及事物间的规律性联系。幼儿能根据事物内部的共同特点来进行概括，如把汽车、电车、轮船、三轮车放到一起，说"它们都可供人乘坐"；把狮子、老虎、狐狸、狼、大象放到一起，说"它们都是动物"；5~6岁的孩子已能够准确运用野兽、玩具、水果、家具、交通工具等许多概念，而且能结合生活中的大量事实，理解一些更抽象的概念，如会说："他打针不哭，真勇敢"、"我们俩互相帮助"、"别乱看了，上课要认真"等。这里的"勇敢"、"互相帮助"、"认真"都是十分抽象的概念。不少5~6岁的幼儿已能按事物内在的本质联系来进行判断、推理，他们知道火柴浮在水面是因为它是木头的，重量轻，针沉到水底是因为它是铁的，重量重；他们还能猜中一些简单的谜语，可以理解"种瓜得瓜，种豆得豆"的因果关系。这个时期幼儿的判断、推理已由表面、直接走向比较内在、间接了。

由此可见，幼儿是有抽象逻辑思维的。当然，对幼儿的抽象逻辑思维，我们也不能过高估计，因为这个时期幼儿的抽象逻辑思维只处于萌芽期，和学龄期儿童的抽象逻辑思维相比，还有很多局限性。这表现在：①幼儿能够进行抽象逻辑思维的事物数量很少，而且这些事物在他有限的知识、经验范围之内；②幼儿的抽象逻辑思维在很大程度上还需要感性经验的直接支持，带有很大的具体形象性，如幼儿只能理解"打针不哭"是勇敢，还不能理解同坏人坏事作斗争也是勇敢。

所以，既要重视培养幼儿的具体形象思维，又要重视培养幼儿的抽象逻辑思维。当然，家长也要防止超越幼儿思维发展的年龄阶段性，出现"拔苗助长"的错误做法。

怎样培养宝宝的抽象逻辑思维

根据思维的本质和幼儿思维的特点，培养幼儿的抽象逻辑思维，要从丰富幼儿的感性知识入手，发展他们的语言，教给他们正确的思维方法；并且通过智力游戏、实验等方法，锻炼幼儿的思考力。

◆ 丰富幼儿的感性知识。思维是人脑对客观现实的概括和间接的反映，由感知而获得的感性经验是思维发展的基础。幼儿接触的事物越广泛，感性经验越丰富，概括就越全面、准确，理解也越深刻、灵活。比如，通过实物和图片，让幼儿观察各种形状、颜色、大小不同的灯之后，让幼儿回答“什么叫灯”，一般情况下幼儿都能说出灯的本质特征；又如，带领幼儿观察理发员、炊事员之后，他们就不会再认为凡是穿白大褂的都是“医生”了。因此，我们要注意让幼儿多看、多听、多摸，经常带他们接触大自然，接触周围事物，让他们多看图书、电视、电影等等，以开阔幼儿的眼界，丰富其感性知识。在幼儿积累了同类各种事物、多种材料的较为丰富的知识经验之后，再引导幼儿进行分类、概括，把零散的知识条理化、系统化，形成最初的各种概念，在此基础上，再教幼儿运用概念进行判断、推理，幼儿思维就逐渐由具体向抽象发展了。

◆ 发展幼儿的语言。语言是思维的外衣，也是思维的武器和工具。正是借助于词的抽象性和概括性，人脑才能对事物进行概括、间接的反映。例如，有了代表同一类事物的词："苹果"、"桔子"、"梨"、"水果"，幼儿才能把各种颜色、形状、大小不同的苹果概括为"苹果"，各地出产的各种各样的桔子、梨，概括为"桔子"和"梨"，然后再把苹果、桔子、梨，概括为"水果"。通过利用语言中的词和语法规则，幼儿才得以逐渐摆脱实际行动的直接支持，摆脱表象的束缚，抽象、概括出事物之间的规律性联系。如水能浮木（水和木间的规律性联系），木能燃烧（木与火之间的规律性联系），磁能吸铁（磁与铁之间的规律性联系）。但在学前期，幼儿词汇还不丰富，特别是对抽象性、概括性较高的词掌握得较少，言语能力也还正在形成发展中，使思维能力受到了一定的限制。所以，我们要培养儿童的抽象逻辑思维能力，必须发展幼儿的言语，注意帮助他们在广泛接触周围环境时，丰富相应的词汇；在广泛的语言交往中，学习准确地运用词汇，完整、连贯地表达思想。

◆ 教给幼儿正确的思维方法。有了丰富的感性知识和较高的语言水平，只是为思维发展提供了基础和工具，只有使幼儿掌握正确的思维方法，使幼儿会利用这些经验，借助语言进行正确的分析、综合、比较、概括，作出合乎事物内在本质和客观逻辑的判断推理，幼儿的思考力才能逐渐得到发展。幼儿一旦掌握了正确的思维方法，就犹如插上了思维发展的翅膀，抽象思维能力就能得到迅速的发展和提高。

◆ 通过智力游戏、实验等方式，锻炼幼儿的思考力。智力游戏是一种以科学常识为内容，以发展智力为主要目的，以游戏为活动形式的游戏。因为它趣味性浓，又有直观的图片或实物，还有明确的需要完成的任务，所以它可以在活泼、轻松的气氛中，唤起幼儿已有的知识印象，促使幼儿积极动脑去进行分析、比较、判断及推理等一系列逻辑思维活动，从而促进幼儿思维抽象逻辑性的发展。

怎样培养宝宝思维的灵活性

思维的灵活性是指思维活动的灵活程度，也就是平时常说的“机灵”。幼儿思维是否灵活，直接关系到幼儿及成年后的思维是否全面、深刻，解决问题是否新颖、有独创性。培养幼儿思维的灵活性不仅是必要的，而且也是可能的。幼儿思维的灵活性已有一定的表现，需要去开发、培养，促使它迅速发展起来。那么，怎样培养幼儿思维的灵活性呢？

●培养幼儿乐于动脑的好习惯

人大脑机能的发展遵循“用进废退”的原则。在一定合理的限度内，大脑是越用越灵敏的。因此，我们要注意培养幼儿乐于动脑的习惯，经常向幼儿提些问题并鼓励幼儿多提问题，使他们的思维始终处于积极活跃状态。家长或老师的每次提问，都必须事先经过认真考虑和周密设想，既要明确，又要富有启发性，问题应是幼儿能够回答的，但又是他们必须经过一番思考才能答出的。家长还要鼓励幼儿自己积极思考，好奇好问。对他们提出的问题，凡是幼儿根据已有知识，经过努力，自己能解决的，就让他们自己动脑解决；一时难以自己解决的，可引导他们通过观察、实验、讨论等方法，找到圆满的答案。这样，就能使幼儿求知欲越来越旺盛，思维活动越来越活跃，爱动脑、勤思考的良好习惯，也就逐渐形成了。

●积极鼓励幼儿的独立性和创造性

幼儿思维的灵活性、独立思考和勇于创新精神是直接相关的。有成就的、思维灵活的科学家、文学家，在幼儿时代，无一不具有独立思考和勇于创新的精神。所以，家长应积极鼓励幼儿独立思考，而不轻附众议；敢于探索、创新，而不拘泥于传统的思维习惯。对于那些已经表现出了一定的独立思考精神，勇于提出与众不同的想法及别出心裁的主张的幼儿，家长应及时给予鼓励和肯定。

引导幼儿多角度思考问题

家长应引导幼儿从不同方面、不同角度思考同一问题，从不同途径、不同渠道寻求解决同一问题的多个答案。这种做法能有力地促进幼儿思维地发展，使幼儿的思路越来越开阔，暂时神经联系越来越广泛，对于培养幼儿思维的灵活性具有非常重要的作用。在日常生活中，家长可以经常利用游戏和其他机会引导、训练幼儿思维的多端性。比如，羽毛球搁在树枝上了，让他想想有哪些办法可以把球弄下来；看书时，让幼儿从不同的角度描述同一幅画面的内容；给幼儿讲一个故事的开头，请幼儿各自续编情节的发展等。这些方法都能充分地调动幼儿思维的积极性。

启发幼儿灵活运用已有知识

启发幼儿灵活运用已有知识，不仅能使已有知识更加巩固，接受新知识更加迅速，而且能使幼儿知识的迁移能力、逻辑思维能力得到很好的锻炼，因此，它也是培养幼儿思维灵活性的重要方面。在教学和日常生活中，老师和家长应积极地为幼儿灵活运用旧知识而创造条件。当学了磁的性能后，可以请小朋友帮“老奶奶”找一找掉在地上的针；学过“2”、“3”、“4”、“5”的组合分解后，让小朋友自己来给“6”、“7”、“8”、“9”组合、分解；学过10以内加减法后，要求小朋友以最迅速的方法，从9条“小鱼”中拿出7条“小鱼”；常识课学过“透明”的知识后，语言课可要求幼儿不用“明亮”、“晶莹”，而用另一个意义相近的新词，来形容玻璃窗。久而久之，幼儿的思维就能越来越灵敏，可以举一反三，触类旁通。

此外，让幼儿做一些智力游戏，如“对着说”、“词语接龙”等，也有助于促进幼儿思维灵活性的发展。

宝宝的智力开发培养

BAO BAO DE ZHI LI KAI FA PEI YANG

对智能的认识和误区

智能又称智力，通常是指一个人的多种心理品质而表现出来的具有认识客观事物并运用知识解决实际问题的能力。智能是一种复杂的综合心理活动，它与感知、记忆、注意、思维有密切关系。智能不仅包括目前认识客观事物的能力，而且还包括人的潜在能力、观察力、记忆力、想象力，又包括改造世界的能力及改造客观事物的能力。思维能力是智能的核心，而创造性的能力尤其是衡量智能的重要标志。

◎ 许多家长很早就教儿童认字、算术。有的家长还对儿童进行早期定向培养，例如学画画，学书法，学钢琴等。其实这种教育增强的并不是儿童的智能，充其量不过是一些知识和技能，但有时还会适得其反，如妨碍儿童正常的智能发育，引起宝宝厌学情绪等身心问题。

◎ 有的父母片面认为小孩只有早识字才能及早地表现出聪明智慧，而忽视了长远的打算。其实，人的培养周期很长，不同的教育阶段需要完成不同的特定任务，如果儿童在早期由于提前识字而妨碍了那一特定阶段任务的完成，造成了厌学、自卑的情绪，结果就会影响其一生的发展。这种后果也许在几年以后才显示出来，到那时后悔就晚矣。

◎ 有的父母不考虑宝宝的年龄和个人的特点，就早早地为宝宝定向，如学琴、学画、识字等，如果定向不得法，也会对宝宝造成长期、不良的影响。

真正的智能开发，就是要针对宝宝的年龄特点，按照规律，通过环境和教育的作用，使宝宝圆满地完成每一个年龄阶段的发展任务，在智能、性格诸方面协调发展，成为有较高的认识能力和健康人格的社会成员。

宝宝智能何时发生飞跃

研究发现，1岁内宝宝的智能发展有8次飞跃，每次飞跃在开始出现变化时宝宝总有几天或几周表现得不安宁。如果父母能掌握时机，理解和满足宝宝的要求，那么宝宝会更快、更容易地渡过这些阶段，对今后的智能发育大有裨益。

◆ 第一次　所有的感官都开始工作。宝宝在第5周左右出现器官的迅速成熟过程，变化最明显，宝宝在哭的时候第一次流泪，他以更多的微笑表示高兴，更经常地进行观察和聆听，对气味和动静会作出明显的反应。宝宝对环境产生了很浓的兴趣。

◆ 第二次　宝宝在第8周左右发现周围环境是不统一的，而且是由活动的具体东西组成的，例如自己的手。这么多的新印象起初会引起恐惧，同母亲接触最有助于消除这种恐惧感。

◆ 第三次　发现动作。宝宝在第12周左右会认识活动的过程。他自己的动作也不那么死板了，而且受到了控制。他会发出尖叫，格格地笑，兴奋地牙牙学语。

◆ 第四次　抓住一切。到第19周时，宝宝会抓东西，会转动和翻动东西，会注视物体的活动过程，这时他对一切都要研究，比如用手摸，或者干脆放进嘴里。

◆ 第五次　研究事物之间的关联。在第26周左右，宝宝开始理解事物之间的关联，例如揿按钮与放音乐之间的关系。他开始能区分物品的位置与距离，如里外远近，最喜欢的游戏是把东西拿进拿出。

◆ 第六次　许多东西都很相似。宝宝在第37周时开始对事物进行分类，从而开始出现抽象思维。

◆ 第七次　一切都按顺序。宝宝在第46周会认识到，做事情要有一定的顺序。他最喜欢的游戏是“自己动手”和“帮助家里干活”。

◆ 第八次　制定自己的计划。第55周的宝宝会发现“程序”，即先后次序。但这次序不是固定的，而是可以自由变动的。这时的宝宝会非常明确地表示他想要什么，例如当他想外出时，就有穿衣穿鞋的要求。

父母应怎样看待儿童智商分数

父母看待儿童智商分数时应注意以下几个方面。

◎ 父母了解儿童的智商是必要的。通过了解儿童的智商可以了解自己宝宝的智能发育情况，并针对其不足，进行有效的训练。

◎ 智商代表儿童的智能潜力。智商是一个人的综合能力。目前有许多父母对自己孩子智能情况评估是错误的，只有15%的父母对自己孩子智能情况的评估是正确的，符合心理测验的客观结果。而有许多父母对自己宝宝的主观评价远远高于宝宝的实际水平。还有一些父母对宝宝的智能潜能认识不足。了解宝宝的智能潜能，可以在教育宝宝的过程中，依照其优势进行发展，这种训练直接影响着父母的期望在宝宝身上实现的程度。

◎ 了解宝宝的智商分数，可对其智能充分利用。宝宝的智商分数是一个总的分数，它代表着一个人的综合智能，而每一个人的智能发展在不同的方面是不平衡的。所以，父母还应了解宝宝在语言方面、算术方面的概括能力和逻辑推理能力，了解这些方面的优势和不足，对智能优势的方面应不失时机的早期开发，对某一方面的缺陷应早期教育，免得宝宝在学习过程中过早地出现偏科现象。

◎ 了解儿童的智能结构，可以及时引导儿童的学习兴趣。父母往往把儿童对某一学科的学习兴趣看成是宝宝在这一方面有优势，其实要想了解儿童在某一方面的智能发育是否良好，具有较大的优势还是较差，就必须进行科学的智能检测，这样可以为父母提供较准确的依据。虽然宝宝的学习兴趣与其智能有着密切的关系，但是由于儿童往往是多变、不稳定的而且会由于多方面因素的影响，如受社会环境、舆论导向、学习条件和学习设备的影响，甚至对老师的喜好程度也影响着儿童的学习兴趣，这样可以使一些具有某方面天分的宝宝不能发挥自己的特长。所以应尽早了解宝宝的智能结构，及时正确地引导儿童的兴趣。

为什么说早期教育是开发幼儿智能的关键

婴幼儿时期是大脑迅速发育的关键时期。宝宝出生时脑重量为350克，一年后发育到950克，6岁时脑重量可达1200克，到成人时脑重量约1500克。所以，抓住婴幼儿智能发展的最佳期，利用其脑神经的敏感性，进行早期教育，确有事半功倍的效果。

宝宝到4岁时，其智能发展了50%，另外30%到8岁时发育完成，其余20%到17岁左右完成。教育基础主要是5岁以前奠定的，它占整个教育过程的90%。宝宝出生后3年的发展在其程度和重要性上超过人一生中的其他任何阶段。

宝宝在出生前，脑细胞分裂增生以及大脑皮质的结构形成已基本完成。出生时，其生理活动仅为条件反射。出生以后，那些来自视觉的、听觉的、触觉的大量刺激，强烈地促使条件反射的形成。这个时期第二信号系统的建立，促使脑细胞伸出无数的突起，开始突起很少，出生后2年细胞突起由少到多，由短到长。由于脑细胞数量上、长度上都在增加，每一个脑细胞以其突起与数以千计的神经细胞发生联系，侧枝越繁，建立的突触联系就越广泛、越丰富，脑细胞的衔接就越紧密，形成的联络网也就越广泛、越庞大，这样就逐渐地产生了思维、创造等高级精神活动。而这些高级精神活动又可反过来促进脑细胞间网络更广泛地形成。宝宝利用自己的感觉器官、运动器官不断地在看、在听、在说，不断地探索、模仿，以致每时每刻都接受着各种新奇的刺激，使得神经细胞突起又不断地繁生延展分枝。但这信息源源不断地进入大脑，即刻印在脑中，使脑细胞形成致密复杂的网络，改变脑的微观结构和提高整个大脑的功能，为宝宝智慧、潜能的开发奠定了宽厚的基础。

如果失去早期教育，任宝宝自然生长，浪费了婴幼儿期的宝贵时间，就会使脑细胞发育受到影响，神经细胞的突起生成少而短，细胞与细胞间联系不紧密。这是因为在婴幼儿成长的过程中，一旦错过了大脑生长发育期的开发，脑组织结构就会趋于定型，潜能的开发就会受到限制，即使有优越的天赋，也无法获得良好的发展。错过了婴幼儿期这个教育的敏感期，造成的是后期无法弥补的损失。

如何开展婴幼儿早期教育

婴幼儿早期教育必须采取科学的措施，实施生动活泼的引导方法，因势利导，循序渐进，激发他们的兴趣，让婴幼儿在轻松的状态中学到知识，使婴幼儿经常保持良好的情绪，保护和尊重他们的好奇心。家长或幼教老师在施教中应做到有的放矢，教者有心，学者无意，日积月累，就会水到渠成。从具体措施上讲，可根据婴幼儿生理特点从以下几方面努力。

◎ 充分调动和训练感觉器官，让纷繁的感受刺激脑细胞的生长发育，促进脑细胞的树突和轴突的繁茂生长。如让宝宝多看各种物体的颜色、形状、大小。用嗅觉去闻各种气味，刺激嗅觉细胞发育。用舌头品尝各种味道，刺激味觉细胞发育。用手触摸各种物体，通过触觉促进感觉中枢神经细胞的发育。

◎ 尽量引导婴幼儿做各种运动，多使用左眼、左耳、左手、左脚，发挥其功能，促进右脑的发育。由简单到复杂的运动，由被动到主动的运动，要有意识地激发婴幼儿早用手抓、握、捏、扔、接、拍及跑、跳等各种运动，尤其是要训练其手脚的精细动作，促进小脑发育和平衡。

◎ 多接触外部环境，认识生活中的各种事物；接触丰富多彩的大自然，锻炼婴幼儿的观察力。

◎ 尽早地对婴幼儿进行形象化的语言教育，使婴幼儿用完整的语句表达意思，较早地开发宝宝对语言的感知力和接受力。尤其是在与宝宝的交往中，要通过生动、新颖、形象的话语，促进他们的理解、记忆，萌发出形象联想，并调动出其自由天真的想象力。

◎ 尽早地促使婴幼儿音乐细胞的产生。音乐细胞的培养可促使右脑活跃，发展形象思维和创造潜能。长期给胎儿和婴幼儿播放美妙轻柔的音乐，让变幻无穷的音调、起伏不定的节奏、丰富多彩的音色来启动其纯净的心灵、智慧的苏醒。长期受音乐感染和熏陶的婴幼儿会心平气和、情绪稳定而思想活跃、热情活泼、兴趣广泛，并能较好地促使注意力的集中。

◎ 从生理角度上考虑，要使大脑生长发育良好应从两方面努力：一是良好的营养，充足的氧气，优越的环境，促使大脑组织的生长，完善大脑结构；二是良好的信息刺激，提高大脑的功能。前者为大脑发育奠定物质基础，后者为大脑功能提供精神食粮，两者给合才能使婴幼儿具有发达的大脑，聪慧过人。

要开发大脑智能、提高素质必须抓住大脑发育最佳的时机，因为此期是神经反射敏感期，大脑呈一片空白，它将毫无批判地吸收外界信息。信息一旦入脑，即刻印在大脑中。因此，应尽早地将美好的、正确的知识信息抢先输入，占据大脑这块神奇的土地，使之成为知识的海洋，智慧的发源地。

为什么发展智力要从培养感知能力开始

感觉和知觉是婴幼儿认识世界、增长知识的门户。周围许多事物对婴幼儿来说，都是陌生的、新鲜的，都有待于去认识；而他们认识每个新事物，都不能象成人那样，去看书或听别人介绍，而需要用各种感官去接触事物，对事物进行直接的感知才能认识。比如苹果、葡萄、梨的不同，宝宝是在对这些水果亲眼看一看，亲手摸一摸，亲口尝一尝中认识的。孩子们把木块和铁钉放到水里，看到木块总是浮在水面，而铁钉总是沉到水底，久而久之，逐渐就懂得了物体沉浮和物体重量的关系。孩子们在夏天多次看见天空出现了乌云，感觉到很闷热，随之闪电霹雳，又听到雷声轰隆，继而大雨瓢泼而下，这一情况反复多次，他们就知道了打雷下雨前的一般征兆。正是因为婴幼儿对每个新事物的认识，总是从感知觉开始的，因此人们通常称感知是婴幼儿心灵的“门户”，是婴幼儿认识的来源。

感知不仅是婴幼儿认识事物的第一步，同时还是宝宝其他较复杂的、高级心理过程发展的基础。如果没有感知为记忆、想象、思维等提供感性材料，婴幼儿就不可能产生、发展他们的记忆、想象和思维。举个例子来说，婴幼儿只有看见过各种各样的苹果、桔子、梨、桃及西瓜等，才可能在脑子中留有它们的形象，才能有“水果”这个概念的掌握和“苹果是红色的”、“西瓜是绿颜色的”等判断，也才能产生“红红脸盘像苹果”之类的想象。

因此，要发展宝宝的记忆、想象和思维，提高他们的智力水平，首先要从发展他们的感知能力入手，进而促进宝宝整个智力水平的发展。

宝宝为什么会有智能“厌食症”

几乎每个家长都有“望子成龙”的愿望。为了达到这个目的，家长往往尽自己最大的努力，千方百计给宝宝创造教育的环境和发展智能的条件，宝宝要什么就给什么，发展幼儿智能的玩具、图书，更是认为多多益善。可令人困惑的是，常常事与愿违。例如孩子看到小伙伴有电子琴，也吵着要，但买回来后才玩两三天，便丢在墙旮旯里了；宝宝的屋里，各种玩具、图书十分丰富，可是，孩子对这些简直没有什么兴趣。

出现上述情况的原因很多，这可能是由于宝宝的兴趣不稳定，也可能因为父母只为宝宝创造了物质上的条件，而忽视了对宝宝的引导。除此以外，年轻的父母不妨分析分析，宝宝是不是得了智能“厌食症”？

为宝宝创造一个好的智能发展环境是必要的，但是，任何事都要适度，只有符合宝宝心理发展特点的智能刺激，对宝宝的智能发展才有积极作用。

家长懂得，给宝宝的食物过多，会使宝宝出现挑食、消化不良，甚至出现厌食症。同样，在智能培养中过多给予被动刺激造成集中、饱和状态，也会使宝宝出现求知活动中的“厌食症”，即对求知缺乏兴趣，求知欲减弱，从而妨碍了智能活动的发展。因此，父母在给宝宝智能刺激时，也要注意刺激的数量和程度。

需要是兴趣、动机形成的前提，适宜的刺激，可促使需要的产生。因此，要避免在宝宝尚未产生需要时，就过多地给予不适宜的刺激。在选择图书、玩具时，应从宝宝的需要出发，使宝宝形成比较稳定的兴趣。给宝宝讲故事是较好的智能刺激，但也有个艺术问题。德国大文豪歌德的母亲给小歌德讲故事时，每次总是在最关键的地方停下来，让他自己去想象故事是怎样发展的，第二天再给他讲下去。这样，一方面有利于培养歌德的想象、判断和推理能力，另一方面也使歌德产生了迫切想了解故事发展的心理需要，一种“饥饿感”。而有的父母给宝宝讲故事则缺乏这种艺术，不管宝宝反应如何，讲了一个又一个，使宝宝对故事的兴趣由浓厚到乏味，甚至成了宝宝的催眠曲。还有些父母，则不分场合地点，动辄给宝宝来点“智能刺激”，甚至吃东西之前，还让宝宝必须做道算术题才给吃。试想，宝宝看着香气诱人的食品，因为算不出而吃不成，他对计算还会有兴趣吗？不分场合地点，不从宝宝需要出发所给的“智能刺激”，对宝宝实在是害多益少。

为什么幼儿智能不宜过度开发

谁都希望自己的宝宝聪明伶俐。不少父母也为此不惜血本，为宝宝的智能开发投入大量的金钱和时间。心理学家发现，对幼儿进行过度的智能开发，反而可能不利于宝宝的成长。许多父母热衷于给宝宝玩大量的“益智”玩具或是安排幼儿进行各种“开发智能”的活动，并希望借此提高幼儿的各种能力。但是如果方法不当，幼儿的大脑很有可能会不堪重负。这样容易造成宝宝长大后对事物缺乏兴趣和好奇心，同时也不善于与人相处。

宝宝是否该早早开发智能，育儿该不该有超前意识，不能单纯以年龄来判断对宝宝的智能开发是否过早，对宝宝的教育归根结底是要个性化教育，要针对自己宝宝的特点，不要盲目跟别的宝宝比。在教育宝宝方面，教育学家提出“跳一跳，摘果子”的观点，即在为宝宝设计发展目标时，如果使劲跳也摘不着，说明发展目标太高，这就是拔苗助长。因此教育超前与否不能一概而论，一项教育对同年龄的两个宝宝，可能就会一个难些，一个容易些。因此，对宝宝实施个性化教育是教育宝宝的根本。

如何做好0～1岁宝宝的启蒙教育

0～1周岁是婴儿成长发育变化极大的一年，应区分为下面4个阶段进行不同的开发训练。

0～3个月

家长应多花点心思让婴儿生活的环境充满多姿的色彩，在床铺四周挂些美丽的图画，摆些色彩明亮的玩具、盆栽等加以装饰。从出生开始，家长在养育过程中要尽量多对宝宝说话，这样有助于他提早理解语言，学会说话。要对婴儿开始动作方面的训练，让婴儿用手握住母亲的手指，从出生后就开始训练握力。婴儿俯卧时，训练婴儿抬头，让婴儿抬起脸部观看前面的东西，下巴也能短时离床，双肩也能抬起来。在俯卧训练抬头的同时，用手抵住婴儿的足底练习爬行。

4～6个月

婴儿处于爬行阶段，还不会自己用手脚的力量把身体支撑起来。这个时期家长要做到以下几点。①让婴儿多看各种颜色的图画、玩具及物品，并告诉婴儿物体的名称和颜色，可使婴儿对颜色的认知发展过程大大提前。②尽量增强婴儿用手抓东西的能力，让他可以用手握住或触摸接触各种不同的东西，如丝绸、毛、棉布、缎子、海绵等等。③动作方面可让婴儿趴着，继续训练他抬头，只是时间可以更长些，训练时家长可以站在宝宝头前与他讲话，使宝宝前臂支撑全身，将胸部抬起。④还可让宝宝学习由仰卧翻至侧卧，然后再翻至俯卧，可将玩具放在宝宝的一侧但他伸手够不着处，他会为够取玩具先翻倒，伸手使劲也够不着时，全身再使劲就会变成俯卧，经常翻滚有助于肌肉关节综合能力的发展。

7～10个月

婴儿开始会用四肢匍匐前进。家长可让婴儿把玩自己的手指头，把东西放在婴儿手能拿到的地方，让他伸手抓。婴儿吸吮自己的手指时，家长不要立刻阻止他，因为这表示婴儿已经进入新的成长阶段，已经有自己将东西送进嘴里的能力。让婴儿尽量爬行，腹部逐渐离开床面，并用手臂转圈或后退，让他尽量自由地爬来爬去。爬行能够促进肌肉系统的发育及运动调节机能，不宜太早使用学步车，因为通过实验对比发现，经常爬行的婴儿长大后阅读和图像思维能力较好。让婴儿练习用手抓小物体，训练他用拇指和其他手指配合的协调能力，每日练习数次。

11～12个月

婴儿处于扶走时期。家长要教婴儿认识实物、图片，把几种东西或几张图片放在一起让他挑选、指认，同时教他模仿说出名称来。教婴儿玩简单的玩具，堆积木，将玩具全部用手帕盖起来，看看他会怎么做；或将玩具盖起来，只露出一小部分，再将玩具藏在箱子里或桌子下，看看他的反应。开始时可以让婴儿扶物站立，逐步训练他扶着椅子或推车迈步。这个时期最重要的还是要注意语言的学习，要引导婴儿让他模仿家长所说的话。让宝宝学习用“叔叔”、“阿姨”、“哥哥”、“姐姐”等称呼周围熟悉的人。

如何帮助1～2岁宝宝开发智能

1～2岁的宝宝喜欢尝试去做各种事情，家长千万注意不要一味以“危险不能做”来制止宝宝的行为。如果家长这样做，幼儿将会变得消极，无法建立自信心，对其性格的形成产生不良的影响。

此阶段，家长可多让幼儿玩一些益智玩具，但不要一次给太多玩具，这样会使幼儿精神不集中，而影响幼儿注意力的发展；家长应多和宝宝一起玩，以帮助其智慧的增长。

1～2岁的幼儿在语言理解方面会有快速的发育，对语言的理解能力急速增强，但这需要家长在日常生活中尽量引导宝宝说话，并教给他正确的语言。

为1～2岁的幼儿讲情节简单的故事是发展幼儿语言能力、扩大词汇量，丰富其情感的重要途径。家长应每天和幼儿一起阅读半小时，如果幼儿对书上的字、词感兴趣，可以边读边用手指沿字行移动，让幼儿明白口头语言与文字所代表的意义之间的联系。

如何帮助2～3岁宝宝规范语言

对于2周岁的幼儿把散步当作每天的固定课程，这是造就优秀大脑的第一步，也是获得健康身体的第一步。但是，仅仅在平地上走还不够，走坡道、过独木桥、上下楼梯、两只脚并拢在一起跳，这些训练也是非常必要的。

在这一时期，家长必须尽可能地用规范的语言对宝宝说话，并且多给他们念诗歌、讲故事。

为了让宝宝喜欢上文字，家长可以有意让宝宝注意到图书、商品标签上印着的文字，并把字的读音教给他；或者一边散步一边让他留意周边路牌、广告牌上的文字，汽车牌号上面的数字等。当幼儿学会一个新字后，可以让他从书和报纸中找出这个字来，这样，他对文字的兴趣会逐渐增强。

2周岁左右的幼儿非常迫切地希望自己动手做事情，如洗手、系鞋带、扣扣子之类，家长应耐心地把正确的做法教给幼儿，即使要花去相当多的时间，也应该让幼儿自己去做。让幼儿在兴趣中学习，如果对学习任务完成得很好，这样不仅使他的愿望得到了满足，而且会使他对自己产生自信心。

如何培养3～4岁宝宝的逻辑思维和注意力

家长必须注意在日常生活中尽量多地对宝宝讲话，就像对大人一样，用正确且条理清晰的语言对他们说话，使他们能够由此产生逻辑性的思维。除了对宝宝说话，父母还应多给他念图画故事书，这样可以丰富宝宝的词汇量，培养他对文字的兴趣，使他自发地产生想读书的愿望。

因为这个时期是大脑发育的第二个高峰期，如果外界给予发育中的大脑充分、科学的刺激，可使大脑的发育更快更好。

在家里，要注意创造良好的学习、生活环境，避免在宝宝学习时分散他的注意力。家长无论是教宝宝收拾、放置物件，或是使用各种工具时，都要提出具体的要求，并且给予具体的指导，使他做事有始有终，做出结果。

游戏是宝宝们最喜爱的一种活动。益智游戏不仅可以寓教于乐，让宝宝在游戏中不知不觉获得智能的开发，还可以通过家长的参与，增进亲子关系。就培养宝宝的注意力而言，游戏也是一个很好的方法。

如何培养4～5岁宝宝的阅读和表达能力

家长可每天大声阅读书籍，并为宝宝提供丰富的阅读材料，鼓励宝宝自己看书。和宝宝一起念一些儿歌并加入一些简单的动作表演，鼓励他们将读到或听到的事故讲出来。

让宝宝玩橡皮泥之类可以用手捏的玩具；鼓励宝宝尝试用新的材料，如软木塞、吸管、棉线和纱线等来做拼贴画。家长在教他画画时，还可教他调出新的颜色，同时激发他对色彩的好奇和好感。

把看到的各种东西分类并计数，如金属物品、水果、家具、动物等等。注意培养宝宝对里面、上面、正面、后面、旁边、以前和以后，比较大小以及太近、太远等概念的理解。

当宝宝提问时，应该很认真地倾听他的问题，然后和他一起思考问题的答案并教给他寻找答案的方法，即使遇到家长不懂或很不好回答的问题，也要通过积极的方式表扬他的提问，保持他的好奇心；当宝宝正热衷于某一事物的时候，不要打断他，不要用大人的想法来对宝宝所专注的事情指手画脚；对宝宝所做、所想的事情给予充分的肯定和赞扬。

如何在日常生活中锻炼5～6岁宝宝的思维能力

帮助宝宝学会熟练地使用日常生活中常见的工具。给宝宝提供一些旧衣物和用旧的小工具，让他们做一些拆装工作。还可以让他帮忙做家务，例如抹桌子、扫地等等，使他在劳动过程中，掌握更多使用工具的方法。

给宝宝讲到熟悉的故事时，先不要讲结尾，停下来，让宝宝为故事加上自己的结尾。问宝宝“如果……会怎样”的问题，“如果小红帽遇到的是只小兔子而不是大灰狼，那会怎样呢？”给宝宝提供一些在日常生活环境中处理分类、分组、配对、数数和排列等的机会，例如摆桌子，数排队的人数，把袜子分类，把织物配对等。

为宝宝创造宽松的家庭氛围。鼓励宝宝提出问题和各种新颖、独特甚至有点可笑的创造性设想，不要阻挠宝宝的自由发挥。告诉宝宝：做任何事情都没有标准答案，消除宝宝对书本和大人话的百依百顺。在日常生活中，鼓励宝宝自主活动，独立办事，鼓励宝宝用新办法来解决问题。

宝宝的大脑发育就像一棵小树苗的成长，需要充分合理的营养供应和尽心尽力、方法得当的养护，家长在促进宝宝的智能发育上就要从营养和教育这两方面入手，抓准时机，抓住根本，才能达到最好的效果。

如何早期发现宝宝智能障碍

宝宝的一颦一笑，无不牵动着父母的心。究竟怎样衡量宝宝是否发育正常呢？下面是一些极易测试的指标，反映出宝宝可能存在智能障碍。

◆ 1岁　坐时一定要背靠支柱；不能用手拿玩具，宝宝认别不出父母在周围，不会叫爸爸妈妈。

◆ 2岁　不会走路，不会用脚踢球，不会握笔或用蜡笔涂鸦；不能指出嘴巴、鼻子、耳朵的位置；不能在镜子里认出自己；不会叫家人的名字；不能说出简单的两个字组成的词句。

◆ 3岁　不会自己上台阶或楼梯，不会踩小孩用的三轮小车，跑时常摔倒，单脚站立时身体不能平衡；不能理解简单的幼儿故事；不知道自己的姓名和性别；不会简单押韵的语言。

◆ 4岁　不会握拳，大拇指不会上下弯动；不能接住正在跳动的球；不能回答简单的问题，答非所问；不会说四五个字组成的句子。

◆ 5岁　不会翻跟头；不会用剪刀剪纸；没有时间观念，不懂什么是昨天、今天、明天，不知道自己的年龄；不会回答问题的重点，使用句子的结构很差。

家长如发现幼儿有上述现象时，应赶快去医院检查，及时对症医治。

宝宝良好性格培养

BAO BAO LIANG HAO XING GE PEI YANG

幼儿性格是怎样形成的

性格是一个人对现实的稳固态度以及与之相适应的惯常行为方式的独特结合，是人表现在对现实世界的态度和行为方式中的个性心理特征。它是人个性中最重要的方面，起着核心作用，能够表明一个人本质的、典型的特点。性格是一个十分复杂的心理结构，由很多方面的特征所构成。性格是怎样形成的呢？是与生俱来，天生就有的，还是后天在环境、教育的影响下逐渐形成的?

有人认为，幼儿的性格是先天的。诚然，很多孩子在性格上是与亲人，特别是父母很相似。这里有些遗传的因素，幼儿的高级神经系统活动类型继承了父母神经系统活动类型的较多的共同点。但是，更主要的，性格还是环境和教育影响的结果，是对环境和教育影响的反映。性格的形成和发展的过程实际上也就是人不断反映生活环境和教育影响的过程。

孩子一生下来就开始接受环境的影响，这就是性格形成的开始。由于孩子首先接触的是家庭，因此，在幼儿性格形成中起着重要作用的最初是家庭。这种作用主要是通过幼儿在家庭中所处的地位，以及家庭成员，首先是父母的影响和教育实现的。父母对幼儿的影响和教育，主要表现为父母对幼儿的态度，过分放纵、溺爱，对幼儿没有纪律的约束，就很难培养他们有坚强的意志、勤劳的习惯、谦逊的精神，而会使幼儿养成任性、自私、懒惰的性格；相反，对幼儿过于严厉，一味训斥，就难以培养幼儿的独立性、主动性和创造性，而只会使幼儿养成懦弱、胆怯，抑郁、多疑的性格。许多独生孩子比一般孩子有更多消极的性格特征，主要就是由于父母对他的特殊态度造成的。

幼儿自3、4岁后，不仅生活在家庭中，而且进入了幼儿园。在幼儿园中，老师和集体生活向幼儿提出的要求，老师的性格修养和集体对幼儿的评价、舆论，潜在而有力地影响着幼儿的种种态度和行为，影响着幼儿性格的形成和发展，使他们逐渐具有最初的比较稳定的性格特性。比如，老师的耐心教育、积极诱导，可以使一个活泼但急躁、易激动的孩子变得灵活而有抑制力；老师亲切关注、积极引导可以使一个孤僻、胆小、沉默的孩子变得愉快而活泼。相反，老师对幼儿态度严厉、粗暴，说教代替诱导，训斥代替抚爱，则会使急躁、易激动的孩子更难以自制，孤独、沉默的孩子更加畏缩。

所以说，幼儿的性格虽有遗传的“印迹”，但主要的还取决于环境和教育，特别是家庭和幼儿园教育的作用。环境、教育影响幼儿智力的发展，同样，对幼儿性格的形成，也起着决定性的作用。因此，作为幼儿的经常接触者，父母、教师和其他人员，都必须时时注意自己的全部行为举止、言语及情绪，对人对事的态度，对幼儿性格形成的影响，使自己的态度、言行成为幼儿良好性格形成的积极的促进因素，促使幼儿个性健康地发展。

幼儿性格有什么特点

幼儿期是性格开始形成的时期。在婴儿期，虽然也能看到不同儿童性格的个别差异，但是，这些差异是很不明显的，也是极不稳定的，只是性格的最初萌芽表现。进入幼儿期后，由于言语、思维、动作的发展，家庭和幼儿园生活不断对幼儿提出新要求，自我意识、道德意识逐渐增强，心理活动的独立性、目的性、自制力日益发展，幼儿开始出现了比较明显和稳定的性格特征，标志着幼儿性格的初步形成。幼儿性格的特点主要有以下几点。

自我意识逐渐发展

自我意识是一个人认识自己、评价自己的能力，它是意识的一个方面，也是人性格形成和发展的重要方面。在正确的教育影响下，幼儿的自我意识逐渐形成并不断发展，这不仅表现在幼儿能进一步理解自己在周围环境中的地位，进一步意识到自己的行动、愿望，意识到自己的内部心理过程，更表现在幼儿评价自己的能力（即自我评价能力）

的发展上。表现在以下方面。①从不加考虑地轻信和再现成人的评价到能初步独立地对自己作出评价。②从只对自己的一些外部行为作出评价到能对自己的一些比较抽象的内在品质进行评价。③从比较笼统、局部、情绪性的评价发展到比较具体、全面、客观的评价。比如，3、4岁的孩子评价自己时，往往说："我是好孩子，王老师说的。"或"我是好孩子，我唱歌唱得好。"而5、6岁的孩子则会这样评价自己："我是好孩子，因为我听话、遵守纪律、和小朋友友好；可是我不是全班最好的好孩子，因为我画画不太好，跳舞也没有别人好。"

心理活动的目的性、自制力逐渐增强

学龄前期儿童的行为容易受当时刺激和具体情境的制约，带有很大的冲动性和无意性，控制自己行为的能力较差。到学龄期，儿童心理活动的有意性、自制力逐渐发展，开始能为较远的目的而行动，努力地使自己的行为服从成人或集体的要求，冲动性行为明显减少。而且，此时儿童不仅能服从成人或集体的要求，还能比较自觉地进行自我调控；同时，儿童不仅能控制自己的外部行动，而且还能在一定程度上调节自己的内部心理过程，比如注意、记忆、情绪等等。这样，久而久之，儿童反复多次地调节、控制自己的行为和心理过程，性格的意志特征和情绪特征等也就逐渐形成了。

独立性的发展进入一个新阶段

学龄前期儿童常常明确地向成人表示自己的意愿，有时甚至是有些固执地强调“我愿意”、“我行”、“我会”。在活动中，他们不满足于直接地按照成人的具体指示去做，或者完全和成人一起行动，而是渴望像成人一样独立行动。比如，儿童要求自己穿衣、洗手绢，要求让他去取奶、取报，要求自己一个人把积木搭完，自己一个人上幼儿园等等。这时期，游戏之所以成为儿童最喜爱和最主要的活动，一个重要的原因也就是在游戏中，儿童可以自由地按照自己的愿望、能力水平去模仿成人的活动，满足他渴望参与成人生活的需要。这时的儿童对老师的要求明显提高，特别希望老师能像对待大人一样对待他，如果老师尊重、信任他们，他们会感到极大的快乐和自豪，相反，如果老师小看了他们，则会引起他们极大的反感。

道德意识进一步发展

婴幼儿已能初步理解什么是“好”、什么是“坏”，并能作出一些合于成人要求的道德判断和道德行为。进入学龄前期，儿童的道德意识进一步发展。比如，道德感方面，学龄前儿童开始逐步有了诸如同情心、互助心、责任感、过失感等道德感。再比如，在道德行为方面，学龄前期儿童的道德行为动机，还带有许多婴幼儿期的特点，很容易受当时刺激的制约，他们的道德行为动机常常是由于对行为本身感兴趣或是为遵守成人的严格要求，以获得成人的表扬而引起。到学龄期，独立的、主动的行为动机就逐渐形成，同时义务感、责任感等在这个时期，开始成为激起道德行为的有效动机，比如，幼儿由于认识到自己做值日生的责任，会更加自觉、认真地做值日，这便是由责任感驱使的。

可见，学龄前期是儿童性格开始初步形成的时期，儿童性格的各方面都具有与婴幼儿、成人不同的特点，所以，为培养儿童良好的性格，在对儿童进行教育时必须考虑儿童性格的特点来因材施教。

育儿方式会不会影响宝宝性格

人的性格并非是一成不变的，但是一旦形成就有相对的稳定性。一般来说，3岁左右的幼儿在性格上已有了明显的个体差异，且随着年龄的增长，性格改变的可能性越小。

幼儿性格的形成与早期的生活习惯有密切关系，但这一点尚未引起家长足够的注意。常听到有的家长抱怨宝宝天性胆小、娇气，殊不知恰恰是自己无意中以错误的育儿方式养成了宝宝的这种毛病。实际上，培养宝宝性格品质要从小抓起，从建立良好的生活习惯着手，如饮食、睡眠、排泄安排、自理能力训练等，这些先入为主的习惯就是宝宝日后的习性。

◎ 家长的情感态度对幼儿性格的导向作用十分重要。现代家长的情感流露比以往更明显，频率和强度更高，这样会使宝宝变得非常脆弱和具依赖性，在娇宠中变得批评不得，甚至家长的声音稍高一点，宝宝也会因此受惊而大哭不止，显示出脆弱的性格特征。一般情况下，娇气脆弱的宝宝常缺乏足够的心理承受力，一旦受到挫折极容易出现心理障碍。

◎ 如今独生孩子多，家长对宝宝的悉心照顾表现在各个方面，如替宝宝包办的事情过多，对宝宝的正常活动限制过多等。这些过分“担心”的心理，不可避免地通过言行举止显露出来，对宝宝起到暗示作用。不少家长在宝宝想参加某项活动之前，总是向宝宝列举种种危险，结果使宝宝产生了恐惧的心理，并因此畏缩不前。年龄愈小的宝宝愈容易接受暗示，家长的育儿特点极易潜移默化地传导给宝宝。

◎ 现在的家长还往往把宝宝的身体健康寄托在各种食品和药品上，而不是让宝宝在户外运动中锻炼身体。一般来说，体弱多病与性格懦弱之间有着一定的内在联系，因为宝宝会受到家长更加细心的照顾和宠爱，从而成为助长软弱性格的温床。这种保护过度的育儿方式，会使宝宝的性格具有明显惰性特征，表现为好吃懒做，好静懒动，缺乏靠自身能力解决问题的内在动力。

如何根据宝宝的心理特点进行教养

1岁以前的宝宝不会说话，不能明确地表达，但是他们已经有很复杂的心理活动，如果家长在教养宝宝时，能了解他的心理特点，有计划、有目的地进行，那将会事半功倍。

◎ 家长可以通过哺乳，进行良好的行为训练，养成宝宝有规律的生活习惯。不要将喂奶与啼哭两种行为联系起来，即不能一哭就吃。可以在喂奶前唱同样的歌或听同样的音乐，这样宝宝会形成条件反射，饿了时听到熟悉的声音就会安静下来。

◎ 有计划地锻炼和训练宝宝抬头、翻身、挺胸、站立、行走等。这对宝宝日后形成动作敏捷、协调，行为反应快速很有帮助。

◎ 早期智力开发。可按照宝宝的月龄，准备色彩鲜艳的玩具、图画，促进其感观的发展。此外，动听的乐曲、歌曲，家长委婉生动的话语，均对宝宝的心理发育有良好影响。

◎ 家人应给予宝宝必要的爱抚、触摸和搂抱。美国心理学家发现，如果育婴室不用保育员，仅采用机械化手段喂奶，使宝宝不与人接触，结果宝宝的生理与心理的发育都受到影响。后来增加了保育员，规定了每天抱起宝宝的时间和次数，宝宝睡眠质量、吃奶都较前进步，患病率大大下降。

培养宝宝健康的心理卫生，需要家长的精心呵护，需要一定有规律和秩序的训练，只要家长能坚持，宝宝一定会以良好的状态作为回报。

为什么成人对儿童的评价必须适当

在儿童性格发展的特点中，我们谈到，学龄前儿童的自我意识发展很快，突出体现在他们自我评价的能力提高迅速。到学龄前晚期，儿童对自己已有一个初步独立的看法，能比较独立、客观地评价自己，而不再是简单地重现成人的评价，对成人的评价已开始持有一种批判的态度。如果成人对他们作出不公正、不正确的评价，儿童会提出疑问、申辩，甚至产生反感。但是，总的来说，在整个学龄前期，由于儿童受思维发展水平的限制，其对评价标准掌握不好，因此自我评价的独立性还是较差的，还是比较容易轻信和模仿成人的评价。即使是学龄前晚期的儿童，他们对自我的评价也是不稳定的，在他们对自己作出独立的评价后，如果成人表示怀疑或者提出反问，他们就常常马上动摇，甚至改变对自己的评价。成年人是儿童心目中的权威，特别是父母和老师，更为儿童所尊敬和崇拜，因此，他们对儿童的评价，对儿童心理的影响更大，甚至可能影响其一生的发展。

现在，有的家长或老师对孩子过于溺爱，一味称赞，事事夸奖，有时甚至为孩子护短，把孩子的胡闹当聪明，把毛病当优点，对孩子评价过高。这种做法会助长孩子自以为是、骄傲自大的性格特点。而有的老师，常常不分场合、不讲情由地斥责、批评孩子或者经常给孩子一些负面的评价，长此以往，使得儿童失去上进的信心，认为自己是毫无希望、一无是处的人，因而自暴自弃，不求上进。所以，对儿童的评价，过高或过低对其心理发展都是有害的。成年人必须善于体察儿童的实际情况，客观地对待儿童的行为，对儿童作出恰如其分的、合乎实际的评价。这样，既有利于使儿童正确认识自己、看待别人，也有利于促进儿童个性的正常发展。

怎样培养儿童的独立性

婴儿出生后第一年，几乎完全依赖于成人；一岁后独立性开始萌芽；三四岁以后，独立性的发展进入一个新的阶段，这时儿童逐渐有了自己的愿望、主意，渴望依靠自己的力量独立地进行各种活动。这在儿童心理发展上是极为可贵的，对于儿童能力的发展、性格的形成都有重大意义。有研究表明，独立性与成才紧密相关，在家对父母依赖性大，在幼儿园和学校对老师依赖性强的儿童长大后一般难以成才。相反，从小对父母、老师较少依赖的孩子，则能较早地“自立”。因此，从小培养儿童的独立性是非常重要的。

◎ 要以新的眼光认识儿童。家长或老师要看到他们能力的发展，要看到他们产生的新愿望、新要求，并且像尊重成人的愿望、要求那样尊重儿童的愿望与要求，而且对于其中合理的愿望与要求尽量给予满足。

◎ 要给儿童活动的自由。对儿童的活动，不要代替、包办太多。应该给他们较多的自由，让他们独立地去进行一些力所能及的活动。比如，帮助老师制作学习园地，饲养小动物，自己选择和组织游戏等等，使儿童真正成为活动的主人，而不是“旁观者”或“指示的执行者”。

◎ 要给儿童动脑的自由。家长和老师不要刻求儿童局限于一定的思维模式或者一定的统一要求，轻附众议，而应该鼓励和启发儿童积极开动脑子、敢于独立思考，具有一定的主动精神。在此基础上，要多给儿童以说话的自由，鼓励儿童敢于大胆发表自己的意见，敢于提问和积极回答家长或老师的问题，并且允许他们互相间或与成人展开讨论、争议。对孩子不能约束过多，否则会使得他们精神负担过重、压抑、懦弱、被动，独立性的发展受到人为的阻碍。

如何帮助性格软弱的宝宝

性格是一种个性心理特点，它是个性的核心部分。畏首畏尾、缺乏独立性、过分依恋亲人，是性格软弱宝宝最突出的表现。如果在性格形成时期，宝宝表现出性格意志的缺陷，应引起家长的重视，及时对宝宝进行帮助、引导，使其个性得以健康发展。

家长的包办代替是宝宝形成性格软弱的重要原因之一。一些家长对宝宝百依百顺，不让宝宝做任何事情，剥夺了宝宝表现自我能力的机会。衣来伸手、饭来张口的生活方式，导致了宝宝独立生活能力的萎缩。因此，要培养宝宝坚强的性格，父母首先要鼓励宝宝做力所能及的事情。譬如让宝宝夜间独自上厕所，摔倒了自己爬起来，自己到报摊替大人买报纸。这些看起来是小事，但是对培养宝宝独立、勇敢的品质很有益处。

宝宝的性格在游戏和日常生活中表现得最为明显，这也是纠正不良性格的最佳途径。爱模仿是宝宝的一大特点。父母要让性格软弱的宝宝经常和胆大勇敢的小伙伴在一起，跟着做出一些平时不敢做的事情，慢慢地得到锻炼，宝宝会变得勇敢、坚强起来。

性格软弱的宝宝比较内向，感情较脆弱，家长尤其要注意保护宝宝的自尊心。如果当众揭宝宝的短，会损伤宝宝的自尊心，让他觉得脸上无光而羞于见人，无形中刺激强化了宝宝的弱点。如果确实需要指出宝宝的缺点，应在肯定宝宝成绩的前提下，用提建议和希望的口吻指出宝宝的不足。在这种情况下，大多数宝宝都会乐意接受的。

如何培养宝宝乐观开朗的性格

注重培养宝宝快乐的性格，有利于宝宝健康成长。在培养快乐性格的过程中，友谊起着重要的作用。因此父母要鼓励宝宝与同龄人一起玩耍，让他们学会愉快融洽的人际交往。

快乐性格的养成与指导和控制宝宝的行为有着密切的联系。父母要设法给宝宝提供机会，使宝宝从小就知道怎样使用自己的决策权。在宝宝做事情失败时，家长不要过多斥责宝宝，而应给他鼓励，帮助宝宝分析原因，让他敢再次尝试。并教宝宝注意调整心理状态，使他恢复快乐的心情。

平时要注意宝宝的爱好，为宝宝提供各种兴趣的选择，并给予宝宝必要的引导。宝宝的爱好广泛，自然容易拥有快乐的性格。家庭和睦也是培养宝宝快乐性格的一个主要因素。在幸福的家庭中成长起来的宝宝，成年后能幸福生活的比在不幸家庭成长起来的宝宝要多得多。

宝宝任性怎么办

宝宝任性是一种心理需求。幼儿随着生理发育，开始逐渐接触更多的事物，他们对这些事物的正确性及合理性不可能像大人那样进行瞻前顾后的分析，再做出处置决断，而仅凭着自己的情绪与兴趣来参与，尽管这些事物往往是对他不宜、不利，或者是有害的。这样，就表现出任性。

面对任性的宝宝，家长往往按捺不住自己的冲动，劈头盖脑地一顿打骂，简单处理这令人尴尬的局面。但是过了几天，宝宝的任性依然如故。那么，宝宝任性该怎么办呢？下列方法可供家长选用。

◆ 强制休息片刻　对于又蹦又跳的宝宝，作为惩罚，可采取把宝宝带进另一间小屋，让他脱离使之兴奋的环境，两眼冷静地审视他，强制他休息片刻。

◆ 转移注意力 如果宝宝爱在客人面前扔东西，不妨在屋里门上设一只靶盘，当客人来时，征得客人的同意，大家一起投掷，看谁扔得准。这样既满足了小孩的表现欲，又使宝宝从游戏规则中学会约束自己，使无序的乱扔转变成有序的竞赛。

◆ 一个轻柔的暗示 如果宝宝正在拨弄电视机音量，你千万不要大声叫骂，不妨在他眼前做一个轻轻走动的动作，再问他："你知道，妈妈最喜欢怎样看电视？"然后引导他把音量放小，问他："为什么妈妈喜欢这样做？"

◆ 培养自我管理的意识 任性的最根本原因之一是宝宝缺乏自我控制、自我管理的能力。平时注意培养宝宝自我管理的意识，是一个行之有效的方法。例如，让宝宝把不玩的玩具放进柜子里，睡觉起床后把小枕巾盖在枕头上，久而久之，他会学会约束控制自己，形成良好的自我管理的习惯。

宝宝好发脾气怎么办

发脾气是指宝宝在受到挫折后哭叫吵闹的现象。在各年龄阶段均可出现，以幼儿期和学龄前期更为常见。该行为的发生与宝宝的心理素质及所受的教育有关，特殊气质儿童易于出现这种现象。父母过度溺爱，有求必应，这样培养出的儿童，在要求未能满足时，即会发脾气，长久以后则形成好发脾气的习性。

好发脾气的儿童一般较任性，常有不合理要求，当要求未满足或受到挫折时就大发脾气，表现为大喊大叫，哭闹不止，就地打滚，撕扯衣服头发，甚至用头撞墙或以死来威胁父母。此时劝说多无效，只有当要求得到满足后，或者不予理睬，经过较长时间后才平息下来。

对这种行为从小就要防止其出现。不要过分娇宠儿童，注意培养他们良好的行为习惯，让小儿知道什么要求是合理的，什么要求不合理而不能满足。矫正方法主要是教育，父母之间态度要一致，发脾气时与发脾气后进行耐心说服解释，正确引导。劝说无效则采取漠视的态度，暂时不理睬，任其哭闹，经过多次以后这种现象就可自然消失。也可采用其他行为治疗方法处理。

随着年龄增长，儿童好发脾气的行为可逐渐消失，但部分儿童的任性可持续存在，难以克服。

宝宝常见心理障碍与防治

XIN LI ZHANG AI YU FANG ZHI

自闭症

小儿自闭症是人为地自我封闭于一个相对固定与狭小的环境中，由于隔绝了与人的交往而产生的心理障碍的症候群。这是一种广泛性发展障碍，以严重的、广泛的社会相互影响和沟通技能的损害以及刻板的行为、兴趣和活动为特征的精神疾病。其主要症状为：

◎ 社会交流障碍，一般表现为缺乏与他人的交流或交流技巧，不喜欢与其他小朋友一起玩耍，与父母亲之间缺乏安全依恋关系；

◎ 语言交流障碍，语言发育落后，或者在正常语言发育后出现语言倒退，或语言缺乏交流性质；

◎ 重复刻板行为；

◎ 智力异常，70%左右的孤独症小儿智力落后；

◎ 感觉异常，表现为痛觉迟钝，对某些声音或图像特别的恐惧或喜好等；

◎ 其他常见行为包括多动、注意力分散、好发脾气、攻击和自伤性行为等。这类行为可能与父母教育中较多使用打骂或惩罚等手段有一定关系。

预防儿童自闭症的发生，家长可以从以下方面入手。

◆ 别把宝宝过分封闭于单调的小空间内。城市居住的现代化使许多人搬进了高楼，而一户一门的高楼容易给孩子造成封闭的环境，因此，应允许宝宝与邻居或附近小朋友玩耍、交往，建立友谊，并鼓励他多参加集体活动。

◆ 注重情商培育。在培育宝宝良好品德的同时，要教导宝宝形成良好的性格。

◆ 培育孩子的自立能力，不能什么事都由家长包办，让孩子学会自己的事情自己做，而且有意让孩子碰碰钉子，以磨炼孩子的意志力。

◆ 父母在教养宝宝时，要注意方式方法，和宝宝多交流、多亲近，不要用粗暴体罚的形式。

性别识别障碍

性别识别障碍是指儿童对自身性别的行为认识与自己真实解剖特征相反，如男性行为特征像女性，或持续否认自己具有男性特征，患者成年后社会适应不良，有部分患者可演变成同性恋者。

解剖生理异常是造成儿童性别识别障碍的重要原因，如性染色体异常、性腺分泌异常等。肾上腺皮质增生的女孩，由于雄激素分泌过多，可出现长胡须、阴蒂增大，其心理上也有男性化倾向。有的儿童出生时呈假两性畸形，睾丸未降到阴囊，而一直位于两侧大阴唇内，此人性腺为男性，而外阴呈女性，会被误当做女孩抚养，出现女性的心理特点。母亲在怀孕期间，如果注射大量的雄激素或雌激素，则胎儿性别可能向异性化方向发展。

教育对儿童的性心理发展有很大的影响。如有的家庭想要男孩，但生了女孩，则将希望寄予女孩身上，促其向男性化方向发展，对其某些粗犷行为、打架斗殴也不加以阻止。目前，大部分幼儿园老师、小学老师为女性，也使男童女性化的问题严重起来，使得许多男孩没有阳刚之气。男孩表现女性化，喜欢着女装，喜欢和女孩一起玩，讨厌自己的生殖器官，安静少动，喜欢玩过家家游戏。

应对性别识别障碍的对策有以下几点。

◎ 如患者由解剖生理原因引起，应分别由妇科、男性科、内分泌科检查治疗，有遗传病可疑者应做染色体检查。

◎ 在儿童的早期就要注意到儿童的性别分化，如男孩要多和男性伙伴在一起游戏、学习，如玩机器人、打仗，多和父亲在一起，培养勇敢、坚强的性格。女孩则应多和女性伙伴交往。男女孩不应互穿异性的服装，父母不应按照自己意愿培养儿童的性别特征，不鼓励异性行为。

◎ 可对一些有异性行为倾向的儿童进行行为塑造，如对男孩“跌倒了不哭泣，自己站起来”，对男性化行为进行鼓励，对异性化行为进行惩罚。一些体育活动有助于男子汉性格的形成，如越野跑、武术、攀岩、器械体操、跳水、对抗较强的球类运动如足球等，可培养勇敢、冒险、敢于挑战大自然的坚强性格。对女性则可以进行唱歌、跳舞、手工艺制作以培养温柔的性格。

退缩行为

儿童退缩行为，是儿童行为问题中最常见的一类，指儿童无特别原因而表现出的以遇到新环境和陌生人为主要诱因，以孤独、胆怯、害怕和畏惧为主要表现的行为问题。4～7岁的儿童为多见，女孩显著多于男孩。

正常儿童面对环境变化也会表现出退缩，这是一种本能的生理防护反应。但是，随着他们对环境的逐步适应及新奇感的产生，退缩反应会消退。但是有退缩行为倾向的儿童对陌生事物不易产生新奇感，或反应非常迟钝，适应集体生活的时间比别的儿童长。例如，他会在幼儿园里长时间地啼哭和独坐，对老师和小朋友们的友善一概拒绝。只有当回到家里，依偎在家长身边时，才重新变得有说有笑，感到安全和满足。持续发展下去，他会连电影院和游乐场也不愿去，宁可独自在家和布娃娃为伴。家里来了生客，他会立即表现得惊慌失措、东躲西藏。宝宝平时除特别文静外，无异常表现，所以常要到进幼儿园或上学才被发现。

有退缩行为的儿童对陌生环境适应后退缩表现逐渐减轻，但今后在和小伙伴交往、适应其他人际关系等方面仍会遇到困难。少数儿童在成人后面临重大生活事件时会重新表现出孤独、胆怯和退缩。不过，他们的表现和精神分裂症的退缩行为有本质不同。一般来说，依靠正确的育儿方式，绝大多数退缩行为的儿童可逐渐自行痊愈。对于儿童退缩行为，采取的防治措施是以教育和心理治疗为主。

◎ 家庭是儿童最早接触的“社会环境”，父母要正确看待这些宝宝，热情地对待他们，要尽力改变他们适应能力差的先天素质，帮助他们适应外界环境。从小要培养儿童在家庭中与所有成员嬉戏、玩耍的习惯，培养开朗的性格。多参加邻里小朋友之间的游戏，活动范围随着年龄增大也要扩大，即适龄入托、入园。要改进教育方法，培养他们对新鲜事物的兴趣，养成热情、活泼开朗的性格。对儿童不可溺爱，不可包办太多，更不可粗暴、冷漠或忽视。

◎ 对已表现出退缩行为苗头的儿童，父母要分析并消除引起退缩行为的原因，耐心地、逐步地加以引导，鼓励儿童与小朋友之间建立良好的亲密关系，积极参加小朋友的集体活动。

◎ 随着宝宝年龄的增长，经常参加集体活动，社会见识增长，退缩行为便会逐渐消失。对因严重的退缩行为而影响到儿童入幼儿园或入学时，可采取行为治疗。如采用其他小朋友或同学的示范疗法可收到明显疗效。通过正确的家庭教育，适时引导和适当采取行为治疗，退缩行为可很快消除，不会给儿童心理发展造成严重的影响。

孤独症

孤独症是一种严重的身心发育障碍性疾病，临床表现以人际交往障碍，沟通交流异常，兴趣和活动内容局限、刻板与重复为特征，多数始于婴幼儿期，通常在3岁以前就出现发育异常和受损，男孩发病显著高于女孩。孤独症的行为表现个体差异较大，并且随着发育，不同年龄也有不同表现。

引起孤独症的原因可能包括以下几点。

◎ 心理因素。有些孤独症宝宝的父母很聪明且受教育程度较高，但他们具有强迫性格，对宝宝缺乏温暖，使宝宝在情绪发育中受到干扰而造成孤独症。这种孤独症宝宝的大脑并没有损害，只是家长在心理上对宝宝的排斥和虐待，致使他们逃入一个梦幻的世界。

◎ 遗传因素。孤独症家族中认知功能缺陷率和言语发育迟缓发生率较一般非孤独症家族高。

◎ 围产期并发症。在大约1/3的孤独症宝宝围产期有并发症，如母亲孕期患感冒、风疹、腹部X线照射；分娩时宝宝损伤、窒息、缺氧等；出生后患婴幼儿痉挛、癫痫等围产期并发症，直接或间接地影响到婴幼儿大脑的发育过程。

◎ 器质性因素。

引起孤独症的原因尚不清楚，但做到以下几点可能会对预防孤独症的发生有帮助。

◆ 母亲孕期有很多有害因素可损害胎儿脑发育。因此，母亲孕期要注意营养，戒烟，戒酒；避免接触有害物质，避免腹部接触放射线和致畸形物质；预防各种病原体感染；做好产前检查，预防妊娠期并发症。

◆ 母亲和宝宝的沟通关系是从胎儿期开始的，也是建立在相互作出反应的基础上。胎教研究证明，胎儿期与胎儿通过语言、抚摸、音乐等方法进行交流，对宝宝出生后的语言、运动和感觉系统及智商发育都有帮助。婴儿期要不断与宝宝进行语言交流，进行爱抚、嬉戏、逗笑等行为，促使母婴之间的语言和情感交流。

◆ 孤独症宝宝伴有精神发育迟滞，视、听神经损害和其他中枢神经系统损害者较多，因此，避免婴幼儿期脑损害、脑缺氧等至关重要。

◆ 孤独症儿童似乎一出生就与其他儿童不一样。一类是无论白天、晚上常常大声尖叫，尤其是从睡眠中醒来时，很难使他安静下来。另一类宝宝则是安安静静，没有任何要求，满足于整天静静地躺在童车中，对正常儿童生长发育过程中感兴趣的事物没有任何兴趣。对有这两种早期异常的宝宝要做到早期诊断，早期干预。

异食症

异食症是指长期进食没有营养价值的物质而引起的一种进食障碍，发病以幼儿为多，学龄期儿童偶尔见到，男孩多于女孩。导致异食症的原因尚不清楚，可能与习惯行为、缺乏某种物质、精神疾患等因素有关。异食症宝宝喜欢食用煤渣、土块、墙泥、砂石、肥皂、头发、衣服、纸张、黏土、污物、油漆、粪便等。对较小的物品能吞食下去，较大的物品则舔吮或放在口中咀嚼。宝宝往往不听父母的劝阻，躲开父母偷偷吞食。

吞食异物不同，可引起不同的后果：吞食灰泥、油漆可造成铅中毒；吞食大量污物、粪便可造成寄生虫感染；吞食黏土可引起贫血；吞食尖锐物品可造成消化道损伤；吞食头发、衣服、石头可引起肠梗阻。一般情况下，异食症可导致宝宝食欲减迟、疲乏无力、腹疼、便秘和营养不良。异食症提示宝宝可能存在发育性障碍，如孤独症或精神发育迟滞，或宝宝可能遭遇严重的心理忽视或虐待。

对异食症儿童，主要采取以下措施。

◎ 心理干预。主要是针对家庭环境、父母的关系、父母教养宝宝的态度等方面进行指导，纠正不恰当的教养方式和行为。

◎ 厌恶治疗。应用轻度电刺激，当宝宝吞食异物时进行刺激，以纠正其异食行为；相反，也有人采取用美味食品来吸引宝宝，使之放弃进食异物的方法，在临床上收到了一定的效果。

◎ 补充体内缺乏的物质。如宝宝因缺铁、缺锌引起的异食症，补充铁剂和锌剂后可取得一定的疗效。

心理性矮小症

心理性矮小症是指宝宝缺乏父母的爱抚，精神上受到压抑，致使宝宝生长发育产生了障碍而出现的矮小症。在日常生活中，常可见到一些宝宝的身体和他们的年龄相比，显得过分矮小，生长发育情况也不正常。心理学家发现，由于婴幼儿的不良心理因素而引起症状可严重影响宝宝的正常生长发育。这些心理因素包括：①因夫妻情感不和而产生家庭压抑气氛；②夫妻吵闹而引起分居或离婚的单亲生活；③父母失业或下岗出现低落的情绪；④对宝宝期望过高而产生的压力；⑤对宝宝管教太严而使其失去自信；⑥父母在吃饭时数落宝宝产生逆反心理。专家认为，宝宝长期生活在精神压抑、无人关心或经常挨打受骂、歧视冷漠的家庭环境中，由于爱抚的缺乏、精神上的压力和心灵的创伤，都可导致神经体液—内分泌等功能紊乱，致使生长激素、甲状腺素等有助于长高的激素分泌减少，从而引起宝宝的生长发育障碍。父母应充分关心和爱护宝宝，使他们得到足够的爱，这对宝宝的生长发育十分重要。

在身体没有疾病的情况下，宝宝生长发育受到阻碍，就应考虑以下几点。

◎ 创造良好的家庭环境和轻松愉快的氛围，不要因夫妻的矛盾让宝宝感到压抑。

◎ 即使夫妻分居或离异，仍要一如既往地爱自己的宝宝，让宝宝感到安全、幸福和自信。

◎ 在教育宝宝上不要因宝宝淘气和不听话，动辄就打骂宝宝，惩罚宝宝，而要多讲道理，多鼓励。

◎ 父母要针对宝宝的实际情况来发展他，不要因过高期望而给宝宝施加压力。

◎ 关注宝宝的饮食，注意营养搭配，不要养成偏食习惯，决不能在吃饭时批评宝宝或严斥宝宝，影响宝宝的食欲。

◎ 留心宝宝的大便，若出现消化道失调，肠胃紊乱，就要及时就医，不要拖延。

◎ 若宝宝是心理原因造成身体发育的障碍，父母不要盲目给宝宝吃助长药，只要心理问题解决了，宝宝生长激素分泌率就会恢复正常，到一定年龄段就能迅速增长。